上岗轻松学

数码维修工程师鉴定指导中心 组织编写

图解 电冰箱维修 快速入门

主 编 韩雪涛
副主编 吴 瑛 韩广兴

（视频版）

扫描书中的"二维码"
开启全新微视频学习模式

扫一扫

U0352385

机 械 工 业 出 版 社

本书完全遵循国家职业标准并按电冰箱维修领域的实际岗位需求，在内容编排上充分考虑电冰箱维修的特点，按照学习习惯和难易程度划分为14章，即电冰箱的结构和工作原理、电冰箱常用检修工具及其使用方法、电冰箱检修环境的搭建与常用的故障判别方法、电冰箱起动继电器的检修方法、电冰箱过热保护继电器的检修方法、电冰箱压缩机的检修方法、电冰箱蒸发器和冷凝器的检修方法、电冰箱毛细管和干燥过滤器的检修方法、电冰箱温度控制装置的检修方法、电冰箱照明组件的检修方法、电冰箱门开关组件的检修方法、电冰箱电源电路的检修方法、电冰箱控制电路的检修方法、电冰箱变频电路的检修方法。

学习者可以看着学、看着做、跟着练，通过"图文互动"的模式，轻松、快速地掌握电冰箱维修技能。

书中大量的演示图解、操作案例以及实用数据可以供学习者在日后的工作中方便、快捷地查询使用。

本书还采用了微视频讲解的全新教学模式，在重要知识点相关图文的旁边，添加了二维码。读者只要用手机扫描书中相关知识点的二维码，即可在手机上实时浏览对应的教学视频，视频内容与本书涉及的知识完全匹配，复杂难懂的图文知识通过相关专家的语言讲解，可帮助学习者轻松领会，同时还可以极大地缓解阅读疲劳。

本书是学习电冰箱维修的必备用书，也可作为相关机构的电冰箱维修培训教材，还可供从事制冷设备维修工作的专业技术人员使用。

图书在版编目（CIP）数据

图解电冰箱维修快速入门；视频版/韩雪涛主编.
— 北京：机械工业出版社，2018.1（2022.8重印）
（上岗轻松学）
ISBN 978-7-111-59278-5

Ⅰ. ①图… Ⅱ. ①韩… Ⅲ. ①冰箱—维修—图解
Ⅳ. ①TM925. 210. 7-64

中国版本图书馆CIP数据核字(2018)第038887号

机械工业出版社（北京市百万庄大街22号　邮政编码100037）
策划编辑：陈玉芝　责任编辑：陈玉芝　陈文龙
责任校对：佟瑞鑫　责任印制：张　博
保定市中画美凯印刷有限公司印刷
2022年8月 第1版第6次印刷
184mm×260mm · 10印张 · 225千字
标准书号：ISBN 978-7-111-59278-5
定价：49.80元

编 委 会

主　编　韩雪涛

副主编　吴　瑛　韩广兴

参　编　张丽梅　马梦霞　韩雪冬　张湘萍

　　　　朱　勇　吴惠英　高瑞征　周文静

　　　　王新霞　吴鹏飞　张义伟　唐秀鸾

　　　　宋明芳　吴　玮

前　言

电冰箱维修技能是制冷设备维修工必须掌握的一项专业、基础、实用技能。该项技能的岗位需求非常广泛。随着技术的飞速发展以及市场竞争的日益加剧，越来越多的人认识到实用技能的重要性，电冰箱维修技能的学习和培训也逐渐从知识层面延伸到技能层面。学习者更加注重电冰箱维修技能能够用在哪儿，应用电冰箱维修技能可以做什么。然而，目前市场上很多相关的图书仍延续传统的编写模式，不仅严重影响了学习的时效性，而且在实用性上也大打折扣。

针对这种情况，为使制冷设备维修工快速掌握技能，及时应对岗位的发展需求，我们对电冰箱维修操作内容进行了全新的梳理和整合，结合岗位培训的特色，根据国家职业标准组织编写构架，引入多媒体出版特色，力求打造出具有全新学习理念的电冰箱维修入门图书。

在编写理念方面

本书将国家职业标准与行业培训特色相融合，以市场需求为导向，以直接指导就业作为图书编写的目标，注重实用性和知识性的融合，将学习技能作为图书的核心思想。书中的知识内容完全为技能服务，知识内容以实用、够用为主。全书突出操作、强化训练，让学习者在阅读图书时不是在单纯地学习内容，而是在练习技能。

在内容结构方面

本书在结构的编排上，充分考虑当前市场的需求和读者的情况，结合实际岗位培训的经验进行全新的章节设置；内容的选取以实用为原则，案例的选择严格按照上岗从业的需求展开，确保内容符合实际工作的需要；知识性内容在注重系统性的同时以够用为原则，明确知识为技能服务，确保图书的内容符合市场需要，具备很强的实用性。

在编写形式方面

本书突破传统图书的编排和表述方式，引入了多媒体表现手法，采用双色图解的方式向学习者演示电冰箱维修的知识技能，将传统意义上的以"读"为主变成以"看"为主，力求用生动的图例演示取代枯燥的文字叙述，使学习者通过二维平面图、三维结构图、演示操作图、实物效果图等多种图解方式直观地获取实用技能中的关键环节和知识要点。

其次，本书还开创了数字媒体与传统纸质载体交互的全新教学方式。学习者可以通过手机扫描书中的二维码，实时浏览对应知识点的数字媒体资源。数字媒体资源与本书的图文资源相互衔接，相互补充，可充分调动学习者的主观能动性，确保学习者在短时间内获得最佳的学习效果。

在专业能力方面

本书编委会由行业专家、高级技师、资深多媒体工程师和一线教师组成，编委会成员除具备丰富的专业知识外，还具备丰富的教学实践经验和图书编写经验。

为确保图书的行业导向和专业品质，特聘请原信息产业部职业技能鉴定指导中心资深专家韩广兴，亲自指导，充分以市场需求和社会就业需求为导向，确保本书内容符合职业鉴定标准，达到规范性就业的目的。

本书由韩雪涛任主编，吴瑛、韩广兴任副主编，张丽梅、马梦霞、朱勇、唐秀鸯、韩雪冬、张湘萍、吴惠英、高瑞征、周文静、王新霞、吴鹏飞、宋明芳、吴玮、张义伟参加编写。

读者通过学习与实践还可参加相关资质的国家职业资格或工程师资格认证，获得相应等级的国家职业资格证书或数码维修工程师资格证书。如果读者在学习和考核认证方面有什么问题，可通过以下方式与我们联系。

数码维修工程师鉴定指导中心
网址：http://www.chinadse.org
联系电话：022-83718162/83715667/13114807267
E-MAIL：chinadse@163.com
地址：天津市南开区榕苑路4号天发科技园8-1-401 邮编：300384

希望本书的出版能够帮助读者快速掌握电冰箱维修技能，同时欢迎广大读者给我们提出宝贵的建议！如书中存在问题，可发邮件至cyztian@126.com与编辑联系！

编　者

目 录

第1章
电冰箱的结构和工作原理

1.1 电冰箱的结构

1.1.1 电冰箱管路系统的结构

电冰箱的管路系统是指电冰箱中制冷介质的循环系统，该系统分布在电冰箱的整个箱体内，主要是由压缩机、冷凝器、蒸发器、毛细管和干燥过滤器等构成的。

【电冰箱管路系统的结构】

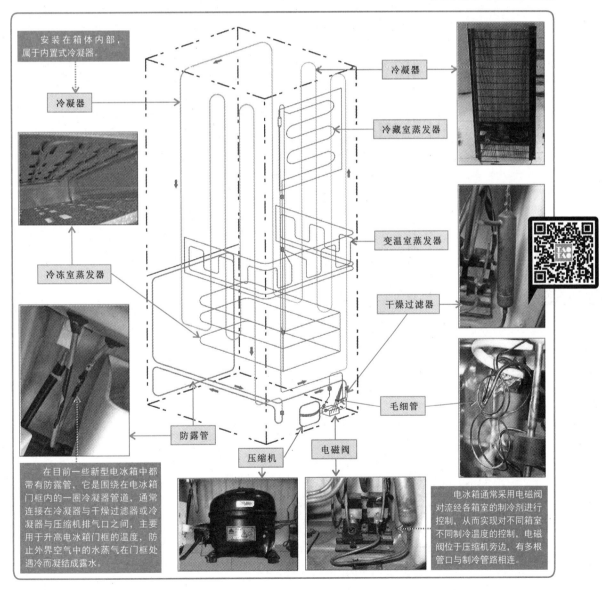

安装在箱体内部，属于内置式冷凝器。

冷凝器

冷凝器

冷藏室蒸发器

变温室蒸发器

冷冻室蒸发器

干燥过滤器

毛细管

防露管

压缩机

电磁阀

在目前一些新型电冰箱中都带有防露管，它是围绕在电冰箱门框内的一圈冷凝器管道，通常连接在冷凝器与干燥过滤器或冷凝器与压缩机排气口之间，主要用于升高电冰箱门框的温度，防止外界空气中的水蒸气在门框处遇冷而凝结成露水。

电冰箱通常采用电磁阀对流经各箱室的制冷剂进行控制，从而实现对不同箱室不同制冷温度的控制，电磁阀位于压缩机旁边，有多根管口与制冷管路相连。

电冰箱的电路系统是指由与"电"相关的功能部件构成的,具有一定控制、操作和执行功能的系统。不同类型电冰箱的复杂程度不同,其电路系统的结构也各有不同,大体上可分为机械式电冰箱电路系统和微电脑式电冰箱电路系统两种。

【机械式电冰箱电路系统的结构】

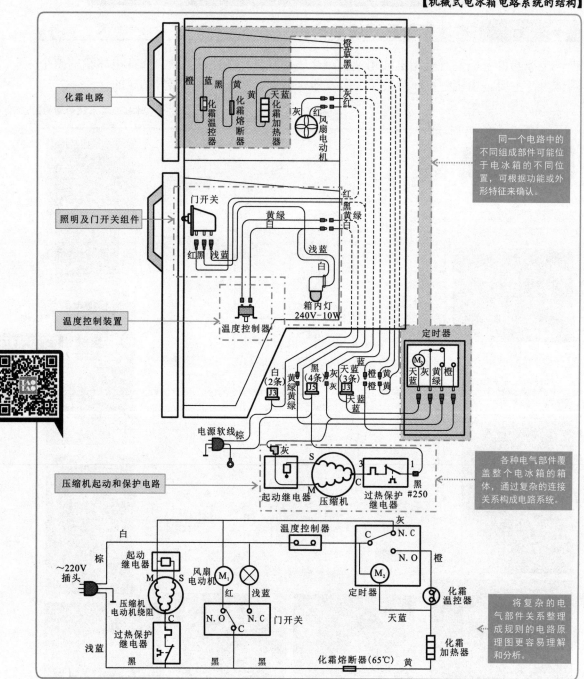

化霜电路

照明及门开关组件

温度控制装置

压缩机起动和保护电路

同一个电路中的不同组成部件可能位于电冰箱的不同位置,可根据功能或外形特征来确认。

各种电气部件覆盖整个电冰箱的箱体,通过复杂的连接关系构成电路系统。

将复杂的电气部件关系整理成规则的电路原理图更容易理解和分析。

注:为与电路板上元器件标识一致。本书中部分元器件标识与国家标准不一致。

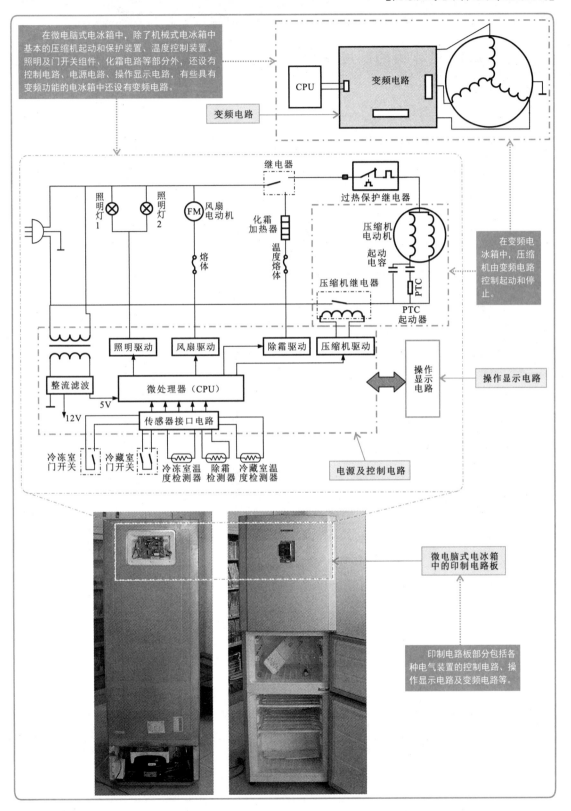

在微电脑式电冰箱中，除了机械式电冰箱中基本的压缩机起动和保护装置、温度控制装置、照明及门开关组件、化霜电路等部分外，还设有控制电路、电源电路、操作显示电路，有些具有变频功能的电冰箱中还设有变频电路。

在变频电冰箱中，压缩机由变频电路控制起动和停止。

微电脑式电冰箱中的印制电路板

印制电路板部分包括各种电气装置的控制电路、操作显示电路及变频电路等。

1.2 电冰箱的工作原理

1.2.1 电冰箱的制冷原理

1. 电冰箱的制冷循环原理

电冰箱主要是利用制冷剂的循环和状态变化过程进行能量的转换，从而降低箱室内的温度，实现制冷。

【电冰箱的制冷循环原理】

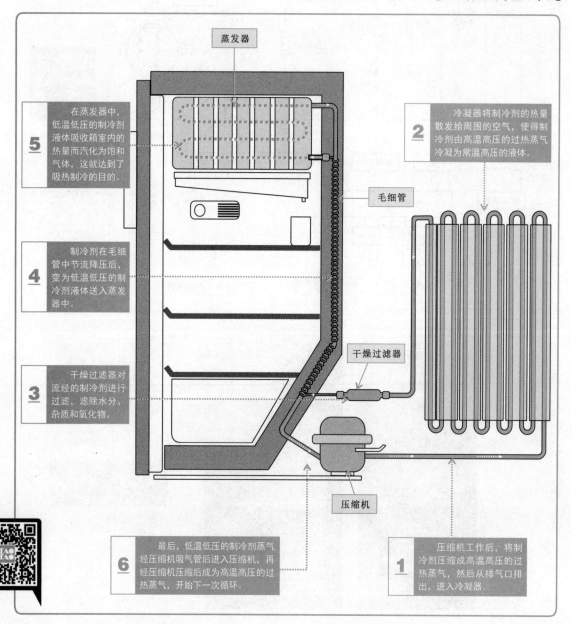

蒸发器

5 在蒸发器中，低温低压的制冷剂液体吸收箱室内的热量而汽化为饱和气体，这就达到了吸热制冷的目的。

2 冷凝器将制冷剂的热量散发给周围的空气，使得制冷剂由高温高压的过热蒸气冷凝为常温高压的液体。

毛细管

4 制冷剂在毛细管中节流降压后，变为低温低压的制冷剂液体送入蒸发器中。

干燥过滤器

3 干燥过滤器对流经的制冷剂进行过滤，滤除水分、杂质和氧化物。

压缩机

6 最后，低温低压的制冷剂蒸气经压缩机吸气管后进入压缩机，再经压缩机压缩后成为高温高压的过热蒸气，开始下一次循环。

1 压缩机工作后，将制冷剂压缩成高温高压的过热蒸气，然后从排气口排出，进入冷凝器。

目前，大多数电冰箱采用双温双控的方式进行制冷循环的控制。双温双控是指在电冰箱中配置两个蒸发器和两个温度传感器，分别对冷藏室、冷冻室内的温度进行检测和控制。因此，电冰箱的冷冻室和冷藏室的制冷循环可以同时进行，当冷藏室的温度达到设定温度时，冷藏室制冷循环停止，冷冻室的制冷工作继续进行。该控制方式可减少能耗，达到电冰箱不同箱室内温度需求不同的目的。

【双温双控电冰箱的制冷循环原理】

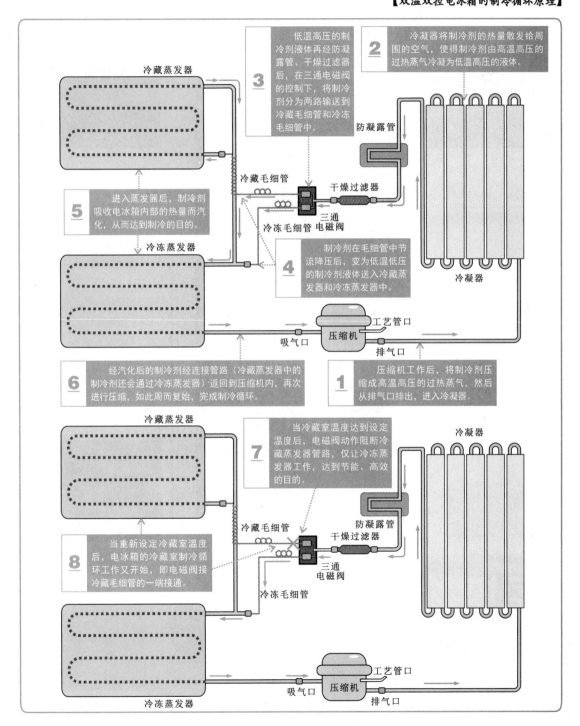

电冰箱的箱室内通过加快空气流动或自然对流的方式，使空气形成循环，来提高制冷效果。这种冷气循环方式通常可分为冷气自然对流降温方式（直冷式降温）和冷气强制对流降温方式（间冷式降温）。

【电冰箱的冷气循环原理】

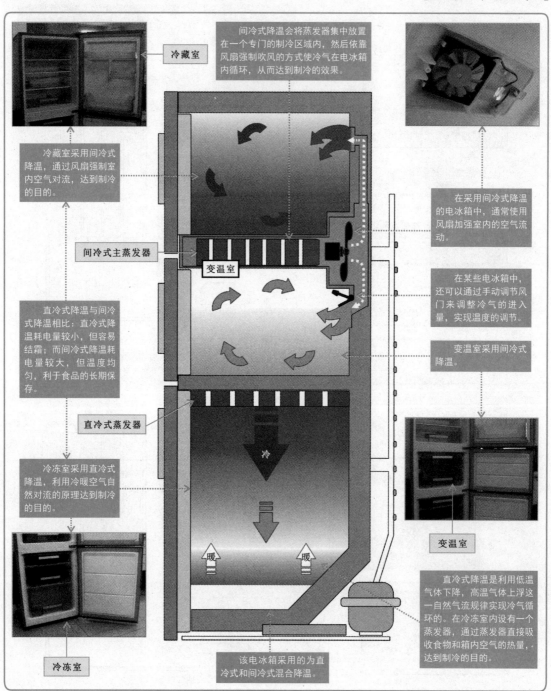

冷藏室

间冷式降温会将蒸发器集中放置在一个专门的制冷区域内，然后依靠风扇强制吹风的方式使冷气在电冰箱内循环，从而达到制冷的效果。

冷藏室采用间冷式降温，通过风扇强制室内空气对流，达到制冷的目的。

在采用间冷式降温的电冰箱中，通常使用风扇加强室内的空气流动。

间冷式主蒸发器

变温室

直冷式降温与间冷式降温相比：直冷式降温耗电量较小，但容易结霜；而间冷式降温耗电量较大，但温度均匀，利于食品的长期保存。

在某些电冰箱中，还可以通过手动调节风门来调整冷气的进入量，实现温度的调节。

变温室采用间冷式降温。

直冷式蒸发器

冷冻室采用直冷式降温，利用冷暖空气自然对流的原理达到制冷的目的。

冷

暖 暖

变温室

直冷式降温是利用低温气体下降，高温气体上浮这一自然气流规律实现冷气循环的。在冷冻室内设有一个蒸发器，通过蒸发器直接吸收食物和箱内空气的热量，达到制冷的目的。

冷冻室

该电冰箱采用的为直冷式和间冷式混合降温。

1. 电冰箱电路系统与管路系统的控制关系

电冰箱的整个制冷过程是通过管路系统和电路系统配合工作的过程。一般来说，电冰箱主要是利用制冷剂的循环和状态变化过程进行能量的转换，从而达到制冷目的。在此过程中，电路系统主要用来控制压缩机工作（提供工作电压和控制信号），再由压缩机控制管路系统工作，使管路系统中的制冷剂进行转换和循环，从而达到冷藏室和冷冻室低温的需求目的。

【电冰箱电路系统与管路系统的控制关系】

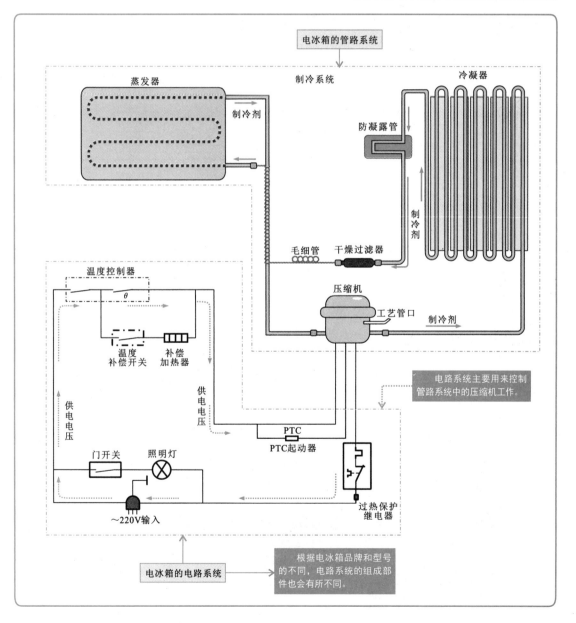

电冰箱通过操作显示电路、电源电路、控制电路和变频电路协同工作，同时对主要部件进行控制，来实现对电冰箱管路系统制冷工作的控制。

【典型电冰箱电路系统的控制过程】

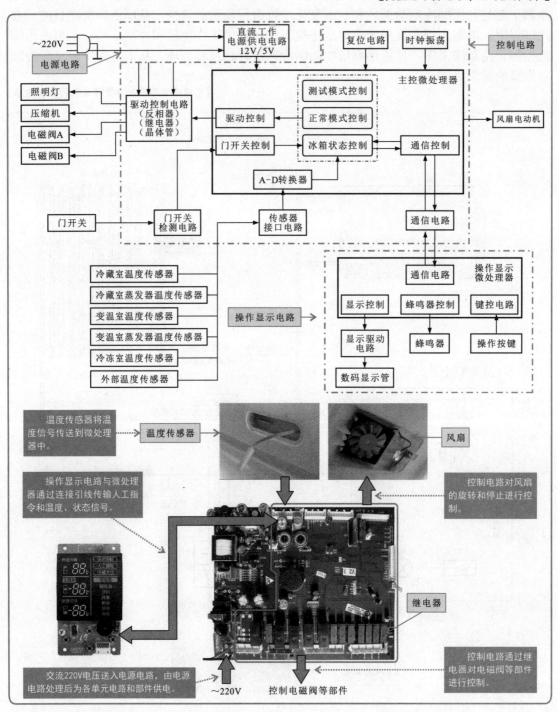

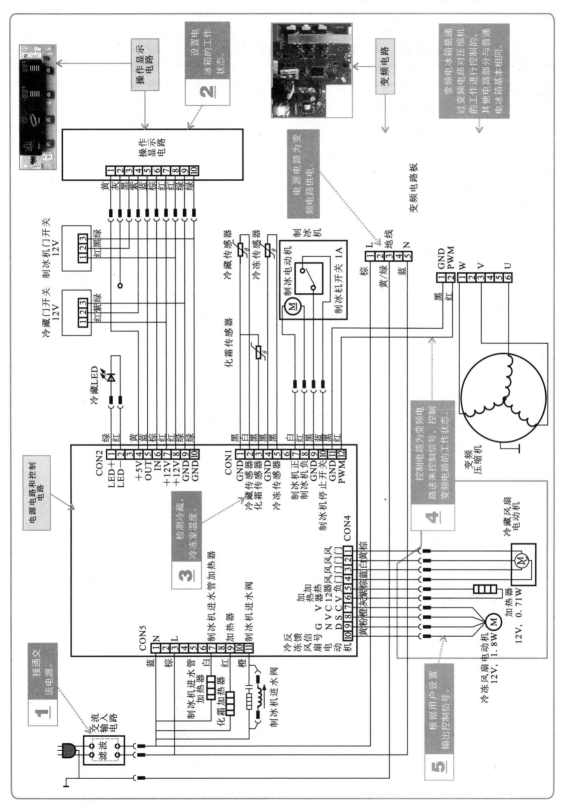

第2章
电冰箱常用检修工具及其使用方法

2.1 电冰箱常用检修工具的种类和使用方法

▶ 2.1.1 螺钉旋具的种类和使用方法

螺钉旋具是用来紧固和拆卸螺钉的工具，俗称改锥，主要由螺钉旋具的刀头与手柄构成。常用的螺钉旋具主要有一字槽螺钉旋具和十字槽螺钉旋具。

【螺钉旋具的种类和使用方法】

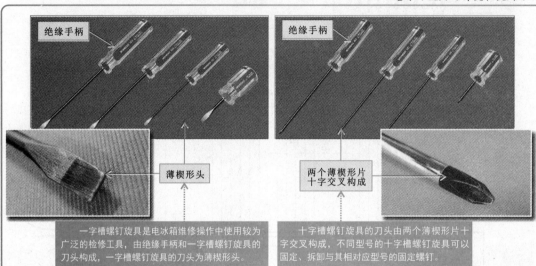

绝缘手柄　　　　　　　　　　　　　绝缘手柄

薄楔形头　　　　　　　　　　　两个薄楔形片十字交叉构成

一字槽螺钉旋具是电冰箱维修操作中使用较为广泛的检修工具，由绝缘手柄和一字槽螺钉旋具的刀头构成，一字槽螺钉旋具的刀头为薄楔形头。

十字槽螺钉旋具的刀头由两个薄楔形片十字交叉构成，不同型号的十字槽螺钉旋具可以固定、拆卸与其相对应型号的固定螺钉。

特别提醒

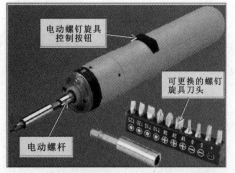

电动螺钉旋具控制按钮

可更换的螺钉旋具刀头

电动螺杆

一字槽螺钉旋具和十字槽螺钉旋具在使用时会受到刀头尺寸的限制，需要配很多不同型号的螺钉旋具，并且需要人工进行转动。目前，市场上推出了多功能的电动螺钉旋具。电动螺钉旋具将螺钉旋具的手柄改为带有连接电源的手柄，并装有控制按钮，可以控制螺杆顺时针或逆时针转动，这样就可以轻松地实现螺钉紧固和拆卸的操作。螺钉旋具的刀头可以随意更换，使螺钉旋具可以满足不同工作环境的需要。

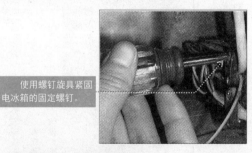

使用螺钉旋具紧固电冰箱的固定螺钉。

固定卡扣

一字槽螺钉旋具

可以使用一字槽螺钉旋具翘起电冰箱显示面板的固定卡扣。

在电冰箱维修操作中，扳手是用来紧固和拆卸螺钉或螺母的工具。常用的扳手主要有活扳手和固定扳手两种，固定扳手又可分为呆扳手和梅花棘轮扳手两种。

【扳手的种类和使用方法】

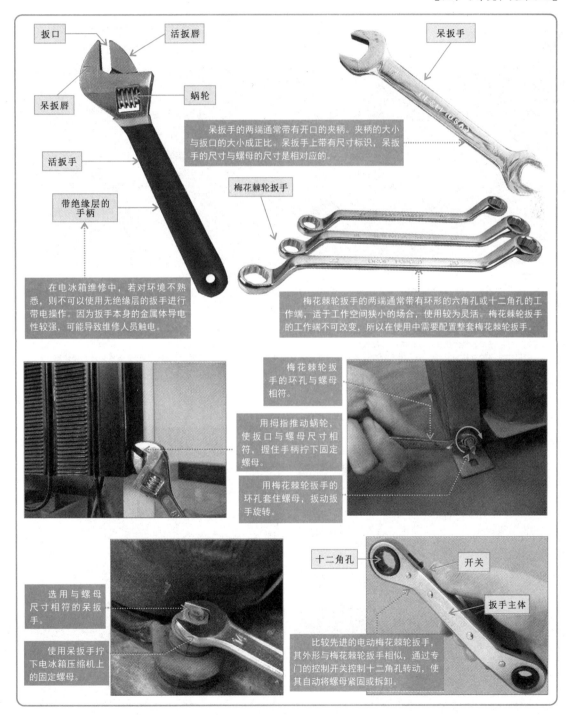

扳口

活扳唇

呆扳唇

蜗轮

活扳手

带绝缘层的手柄

呆扳手

呆扳手的两端通常带有开口的夹柄。夹柄的大小与扳口的大小成正比。呆扳手上带有尺寸标识，呆扳手的尺寸与螺母的尺寸是相对应的。

梅花棘轮扳手

在电冰箱维修中，若对环境不熟悉，则不可以使用无绝缘层的扳手进行带电操作。因为扳手本身的金属体导电性较强，可能导致维修人员触电。

梅花棘轮扳手的两端通常带有环形的六角孔或十二角孔的工作端，适于工作空间狭小的场合，使用较为灵活。梅花棘轮扳手的工作端不可改变，所以在使用中需要配置整套梅花棘轮扳手。

梅花棘轮扳手的环孔与螺母相符。

用拇指推动蜗轮，使扳口与螺母尺寸相符，握住手柄拧下固定螺母。

用梅花棘轮扳手的环孔套住螺母，扳动扳手旋转。

选用与螺母尺寸相符的呆扳手。

使用呆扳手拧下电冰箱压缩机上的固定螺母。

十二角孔

开关

扳手主体

比较先进的电动梅花棘轮扳手，其外形与梅花棘轮扳手相似，通过专门的控制开关控制十二角孔转动，使其自动将螺母紧固或拆卸。

切管器主要用于电冰箱制冷铜管的切割。在对电冰箱进行维修时，经常需要使用切管器切割不同长度和不同直径的铜管，切管器主要由刮管刀、滚轮、刀片及进刀旋钮等组成。

【切管器的种类】

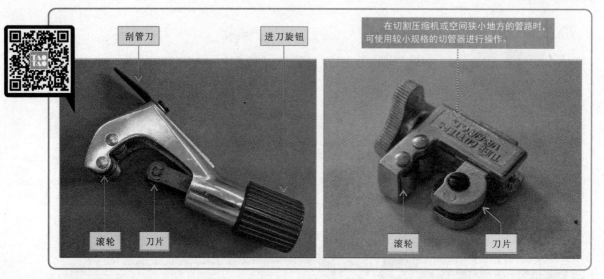

| 刮管刀 | 进刀旋钮 | 在切割压缩机或空间狭小地方的管路时，可使用较小规格的切管器进行操作。 |
| 滚轮 | 刀片 | 滚轮 刀片 |

特别提醒

在对制冷设备中的管路部件进行检修时，经常需要使用切管器对管路的连接部位、过长的管路或不平整的管口等进行切割，以便实现制冷设备管路部件的代换、检修或焊接操作。

常用切管器的规格为3～20 mm。由于制冷设备制冷循环对管路的要求很高，杂质、灰尘和金属碎屑都会造成制冷系统堵塞，所以对制冷铜管的切割要使用专用的设备，这样才可以保证铜管的切割面平整、光滑，且不会产生金属碎屑掉入管中阻塞制冷循环系统。

【切管器的使用方法】

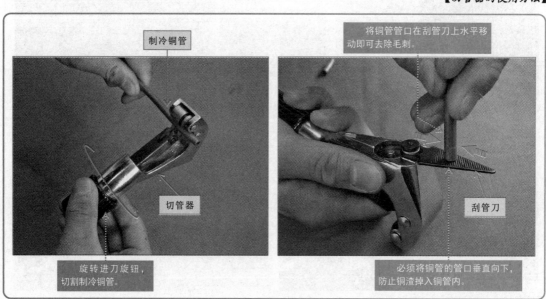

制冷铜管

切管器

旋转进刀旋钮，切割制冷铜管。

将铜管管口在刮管刀上水平移动即可去除毛刺。

刮管刀

必须将铜管的管口垂直向下，防止铜渣掉入铜管内。

扩管器主要是用来扩口操作的，对电冰箱管路进行加工时，若出现两个相同直径的管路，则需要通过扩管器对其中一根铜管的管口进行扩口，以便与另一根铜管较吻合地连接在一起。扩管器主要包括顶压器、锥形支头和夹板。

【扩管的种类和使用方法】

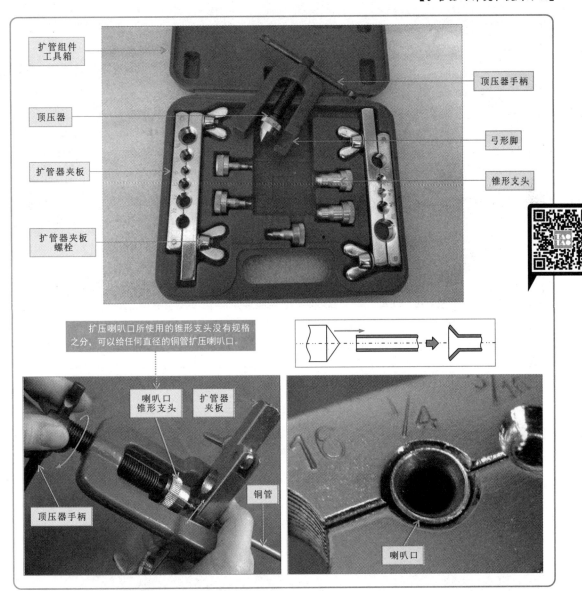

扩管组件工具箱

顶压器

扩管器夹板

扩管器夹板螺栓

顶压器手柄

弓形脚

锥形支头

扩压喇叭口所使用的锥形支头没有规格之分，可以给任何直径的铜管扩压喇叭口。

喇叭口锥形支头

扩管器夹板

顶压器手柄

铜管

喇叭口

特别提醒

扩管操作主要是指将管口扩为杯形口和喇叭口两种。两根直径相同的铜管需要通过焊接方式连接时，应使用扩管器将一根铜管的管口扩为杯形口，在进行杯形口的扩管操作时，应选择合适的杯形口锥形支头。

当两根铜管需要通过纳子或转接器连接时，则需要将管口加工成喇叭口。喇叭口与用于室内机或室外机上的连接管口进行连接。喇叭口的扩管操作与杯形口的扩管操作基本相同，只是在选配组件时，应选择扩充喇叭口锥形支头。

在进行扩管操作前选择合适的扩管组件十分重要。

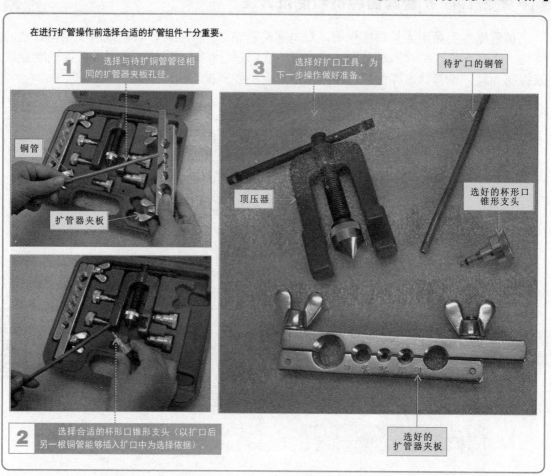

1 选择与待扩铜管管径相同的扩管器夹板孔径。

铜管

扩管器夹板

2 选择合适的杯形口锥形支头（以扩口后另一根铜管能够插入扩口中为选择依据）。

3 选择好扩口工具，为下一步操作做好准备。

待扩口的铜管

选好的杯形口锥形支头

顶压器

选好的扩管器夹板

【完成扩管操作的铜管】

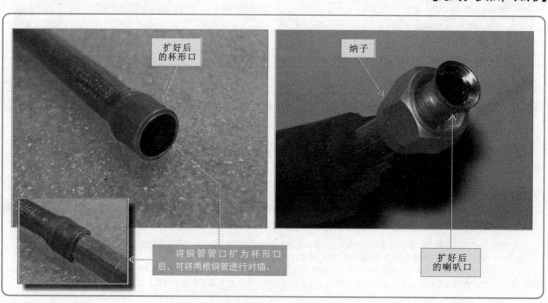

扩好后的杯形口

将铜管管口扩为杯形口后，可将两根铜管进行对插。

纳子

扩好后的喇叭口

2.2 电冰箱常用检修仪表的种类和使用方法

2.2.1 钳形电流表的结构和使用方法

钳形电流表在电冰箱维修中可以用于检测设备或线缆工作时的电压与电流。使用钳形电流表检测电流时不需要断开电路，即可通过钳形电流表对导线因电磁感应而产生的电流进行测量，使其成为一种较为方便的测量仪器。

【钳形电流表的结构和使用方法】

特别提醒

①钳头和钳头扳机是用于控制钳头部分开启和闭合的工具，当钳头闭合时会产生电磁感应，主要用于电流的检测。

②锁定开关主要用于锁定显示屏上显示的数据，方便在空间较小或黑暗的地方锁定检测数值，便于识读；若需要继续进行检测，则再次按下锁定开关解除锁定。

③功能旋钮主要用于控制钳形电流表的测量档位，当需要检测的数据不同时，只需要将功能旋钮旋转至对应的档位即可。

④显示屏主要用于显示检测时的量程、单位、检测数值的极性及检测到的数值等。

⑤表笔插孔主要用于连接红、黑表笔和绝缘测试附件，便于使用钳形电流表检测电压、电阻及绝缘阻值。

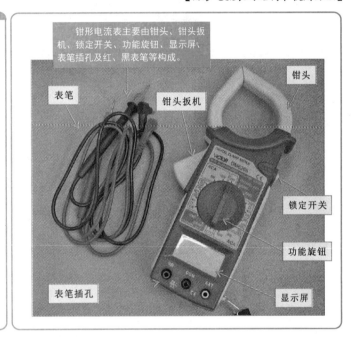

钳形电流表主要由钳头、钳头扳机、锁定开关、功能旋钮、显示屏、表笔插孔及红、黑表笔等构成。

钳头

表笔

钳头扳机

锁定开关

功能旋钮

表笔插孔

显示屏

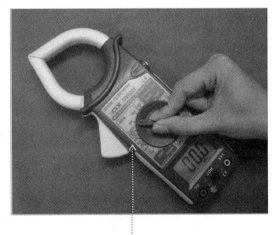

将档位调整为 AC 200A档。

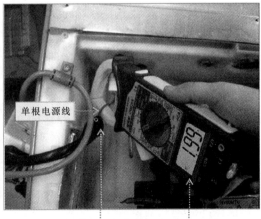

单根电源线

用钳形电流表钳头咬住供电线中的一条。

检测到的电流为1.99A。

万用表是一种多功能、多量程的便携式仪表，可以分为指针式万用表和数字式万用表两种。万用表是检测电冰箱电气系统的主要工具，主要用于检测电路是否存在短路或断路故障、电路中元器件性能是否良好、供电条件是否满足等。

【万用表的种类】

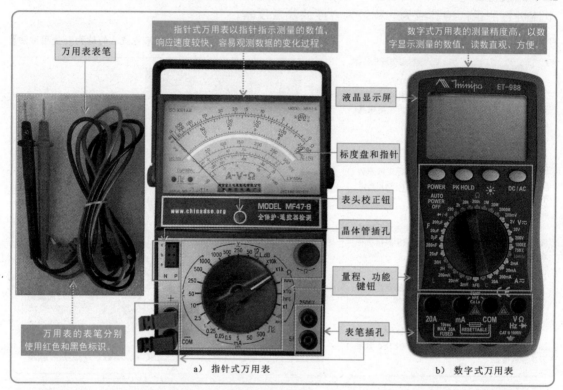

指针式万用表以指针指示测量的数值，响应速度较快，容易观测数据的变化过程。

数字式万用表的测量精度高，以数字显示测量的数值，读数直观、方便。

万用表表笔

液晶显示屏

标度盘和指针

表头校正钮

晶体管插孔

量程、功能键钮

表笔插孔

万用表的表笔分别使用红色和黑色标识。

MODEL MF47-8
www.chinadse.org
全保护·遥控器检测

a）指针式万用表

b）数字式万用表

特别提醒

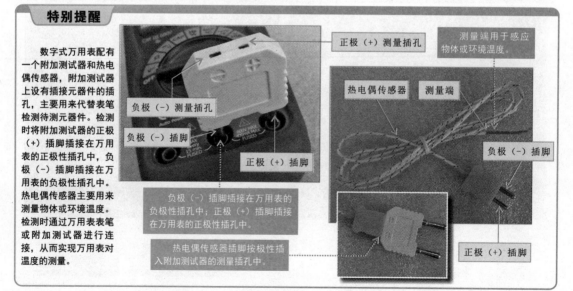

数字式万用表配有一个附加测试器和热电偶传感器，附加测试器上设有插接元器件的插孔，主要用来代替表笔检测待测元器件。检测时将附加测试器的正极（+）插脚插接在万用表的正极性插孔中，负极（−）插脚插接在万用表的负极性插孔中。热电偶传感器主要用来测量物体或环境温度。检测时通过万用表表笔或附加测试器进行连接，从而实现万用表对温度的测量。

正极（+）测量插孔

测量端用于感应物体或环境温度。

负极（−）测量插孔

负极（−）插脚

正极（+）插脚

热电偶传感器

测量端

负极（−）插脚

正极（+）插脚

负极（−）插脚插接在万用表的负极性插孔中；正极（+）插脚插接在万用表的正极性插孔中。

热电偶传感器插脚按极性插入附加测试器的测量插孔中。

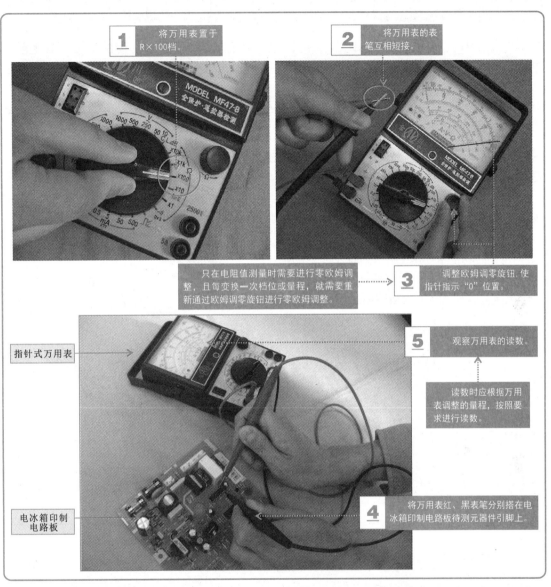

1 将万用表置于R×100档。

2 将万用表的表笔互相短接。

只在电阻值测量时需要进行零欧姆调整，且每变换一次档位或量程，就需要重新通过欧姆调零旋钮进行零欧姆调整。

3 调整欧姆调零旋钮，使指针指示"0"位置。

指针式万用表

5 观察万用表的读数。

读数时应根据万用表调整的量程，按照要求进行读数。

电冰箱印制电路板

4 将万用表红、黑表笔分别搭在电冰箱印制电路板待测元器件引脚上。

特别提醒

由于贴片电阻器体积较小，为了测量的安全和准确，我们需要对数字式万用表的测量表笔进行加工，以适应当前的测量环境。

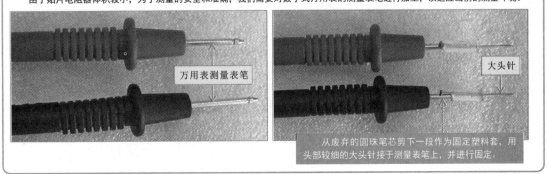

万用表测量表笔

大头针

从废弃的圆珠笔芯剪下一段作为固定塑料套，用头部较细的大头针接于测量表笔上，并进行固定。

焊接工具主要用于对电子元器件及电气部件进行焊接作业。常用的焊接工具主要有电烙铁、气焊设备及电焊设备等。

2.3.1 电烙铁的种类和使用方法

电烙铁是手工焊接、补焊、代换元器件的最常用工具之一。通常，焊接小型元器件时选择功率较小的电烙铁；如果需要大面积焊接或焊接尺寸较大的电气部件时，就要选择功率较大的电烙铁。

【电烙铁的种类和使用方法】

特别提醒

吸锡器通常配合电烙铁使用。使用时握住吸锡器握柄，先将上方压杆用力按下，直到卡住为止。待焊锡熔化后，将吸嘴对准焊锡处，大拇指按下开关，压杆便会弹起，在空气压力的作用下，焊锡被吸入吸锡器内部。吸入一次焊锡后，再次按下压杆，便可将吸入的焊锡从吸锡器内部挤出。

将上方压杆用力按下。

按下开关，吸锡器便会吸走焊锡。

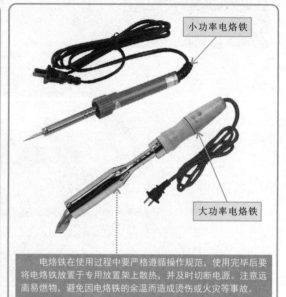
小功率电烙铁

大功率电烙铁

电烙铁在使用过程中要严格遵循操作规范，使用完毕后要将电烙铁放置于专用放置架上散热，并及时切断电源。注意远离易燃物，避免因电烙铁的余温而造成烫伤或火灾等事故。

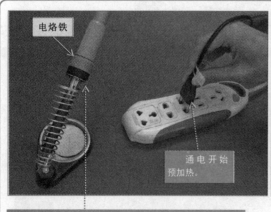
电烙铁

通电开始预加热。

在使用电烙铁时要先进行预加热，在此过程中，最好将电烙铁放置到电烙铁架上，以防发生烫伤或火灾事故。

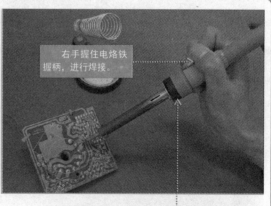
右手握住电烙铁握柄，进行焊接。

当电烙铁达到工作温度后，用右手握住电烙铁的握柄处，对需要焊接的部位进行焊接。

气焊是利用可燃气体与助燃气体混合燃烧生成的火焰作为热源，将金属管路焊接在一起；而电焊是利用电弧的原理，在焊枪与被焊物体之间产生高温电弧，熔化焊条进行焊接。气焊设备主要是由氧气瓶、燃气瓶和焊枪构成的。

【气焊设备的种类】

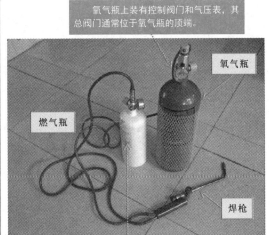

氧气瓶上装有控制阀门和气压表，其总阀门通常位于氧气瓶的顶端。

氧气瓶

燃气瓶

焊枪

燃气瓶内装有液化石油气，在顶部设有控制阀门和压力表，通过连接软管与焊枪相连。

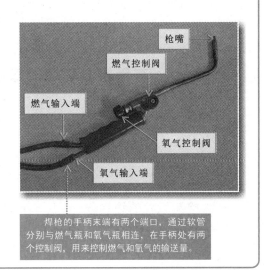

枪嘴

燃气控制阀

燃气输入端

氧气控制阀

氧气输入端

焊枪的手柄末端有两个端口，通过软管分别与燃气瓶和氧气瓶相连，在手柄处有两个控制阀，用来控制燃气和氧气的输送量。

【气焊设备的使用方法】

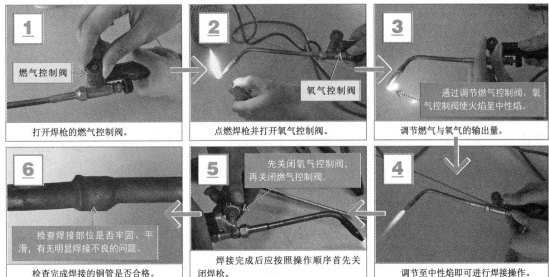

1 燃气控制阀

打开焊枪的燃气控制阀。

2 氧气控制阀

点燃焊枪并打开氧气控制阀。

3 通过调节燃气控制阀、氧气控制阀使火焰呈中性焰。

调节燃气与氧气的输出量。

6 检查焊接部位是否牢固、平滑，有无明显焊接不良的问题。

检查完成焊接的铜管是否合格。

5 先关闭氧气控制阀，再关闭燃气控制阀。

焊接完成后应按照操作顺序首先关闭焊枪。

4 调节至中性焰即可进行焊接操作。

特别提醒

使用气焊设备的点火顺序：先分别打开燃气瓶和氧气瓶阀门（无先后顺序，但应确保焊枪上的控制阀门处于关闭状态），然后打开焊枪上的燃气控制阀门，接着用打火机迅速点火，最后打开焊枪上的氧气控制阀门，并调节火焰至中性焰。

另外，若气焊设备焊枪枪口有轻微氧化物堵塞，可首先打开焊枪上的氧气控制阀门，用氧气吹净焊枪枪口，然后将氧气控制阀门调至很小或关闭后，再打开燃气控制阀门，接着点火，最后再打开氧气控制阀门，调至中性焰。

第3章
电冰箱检修环境的搭建与常用的故障判别方法

3.1 电冰箱检修环境的搭建

维修电冰箱时，要针对不同的检测部位，使用特定的检测工具和仪表搭建必要的检测环境，以便顺利、有效地展开故障的查找和检测。例如充氮检漏环境的搭建、抽真空环境的搭建、充注制冷剂环境的搭建等。

3.1.1 充氮检漏环境的搭建

充氮检漏是指向电冰箱管路系统中充入氮气，并使管路系统具有一定压力后，用洗洁精水（或肥皂水）检查管路各焊接点有无泄漏，以保证电冰箱管路系统的密封性。

◆ 1. 充氮检漏设备的连接

充氮检漏设备的连接分为4步：第1步是用切管器切开压缩机工艺管口的封口；第2步是将管路连接器插入工艺管口中，并用气焊设备进行焊接；第3步是用连接软管将管路连接器与三通压力表阀连接；第4步是用另一根连接软管将三通压力表阀与氮气钢瓶上的减压器出口连接。

【电冰箱管路充氮检漏设备连接关系示意图】

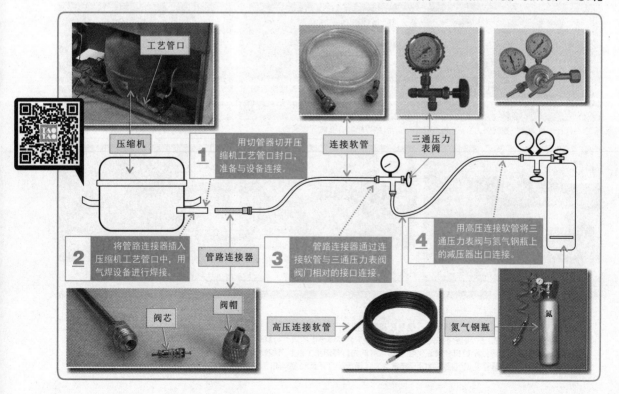

电冰箱的管路系统是一个封闭的循环系统。对管路进行充氮时，应在电冰箱制冷管路中的制冷剂被回收或释放后，再将电冰箱压缩机工艺管口的封口切开。

【切开压缩机工艺管口的封口】

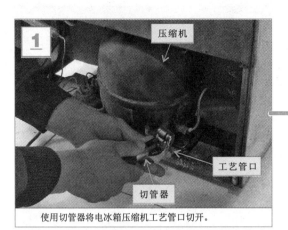

使用切管器将电冰箱压缩机工艺管口切开。

用钢丝钳将切开的工艺管口掰下。

管路连接器是电冰箱充氮检漏环境中关键的连接部件。通常电冰箱压缩机的工艺管口是无法直接与连接软管等设备建立连接的，所以连接时要将管路连接器焊接到工艺管口上，再通过管路连接器的螺口与连接软管进行连接。

【取下管路连接器接口内的阀芯】

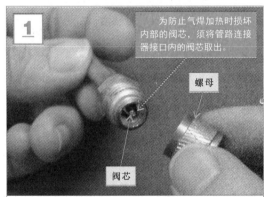

为防止气焊加热时损坏内部的阀芯，须将管路连接器接口内的阀芯取出。

将管路连接器连接管口的螺母拧下即可找到阀芯。

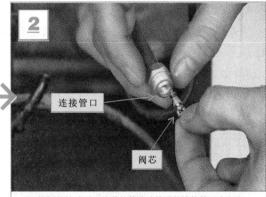

待阀芯松动后，将其从管路连接器的连接管口中取出。

使用气焊设备将管路连接器和压缩机工艺管口焊接之前，需将管路连接器内的阀芯取出。

插接完成的工艺管口和管路连接器，为焊接做好准备。

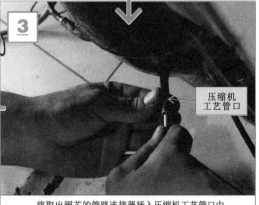

将取出阀芯的管路连接器插入压缩机工艺管口中。

电冰箱压缩机工艺管口与管路连接器连接好后，接下来便可进行焊接操作了。

【压缩机工艺管口与管路连接器的焊接操作】

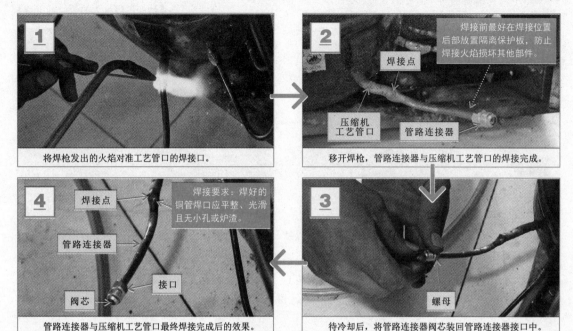

1 将焊枪发出的火焰对准工艺管口的焊接口。

2 焊接点 / 压缩机工艺管口 / 管路连接器
焊接前最好在焊接位置后部放置隔离保护板，防止焊接火焰损坏其他部件。
移开焊枪，管路连接器与压缩机工艺管口的焊接完成。

4 焊接点 / 管路连接器 / 阀芯 / 接口
焊接要求：焊好的铜管焊口应平整、光滑且无小孔或炉渣。
管路连接器与压缩机工艺管口最终焊接完成后的效果。

3 螺母
待冷却后，将管路连接器阀芯装回管路连接器接口中。

在充氮过程中，常常需要监测管路中的压力。三通压力表阀的作用就是时刻监测所连接管路系统中的压力变化。因此，在电冰箱充氮检漏环境的搭建过程中，连接三通压力表阀是必要的操作环节。通常，焊接好管路连接器后，通过连接软管将管路连接器与三通压力表阀阀门相对的接口进行连接即可。

【三通压力表阀的连接操作】

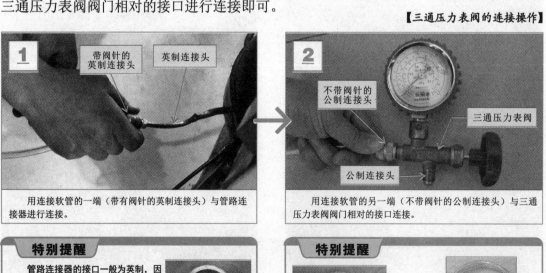

1 带阀针的英制连接头 / 英制连接头
用连接软管的一端（带有阀针的英制连接头）与管路连接器进行连接。

2 不带阀针的公制连接头 / 三通压力表阀 / 公制连接头
用连接软管的另一端（不带阀针的公制连接头）与三通压力表阀阀门相对的接口连接。

特别提醒
管路连接器的接口一般为英制，因此应使用带英制连接头的软管连接。
英制连接头　　带阀针的英制连接头

特别提醒

不带阀针的公制连接头　　公-英制连接软管

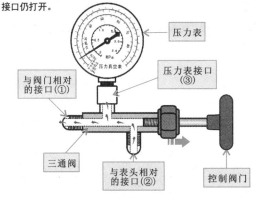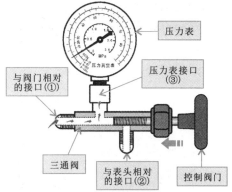
氮气钢瓶及减压器是充氮检漏操作中的关键设备。将三通压力表阀阀门相对的接口与管路连接器接好后，用另一根连接软管将三通压力表阀表头相对的接口与氮气钢瓶上减压器出口连接（减压器一般直接旋紧在氮气钢瓶的接口上）。

【三通压力表阀与减压器的连接方法】

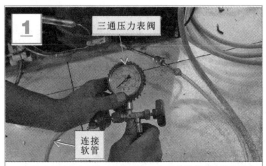

将三通压力表阀表头相对的接口与连接软管的一端相连。

将连接软管的另一端与氮气钢瓶上的减压器出口相连。

大多情况下，直接将减压器旋紧在氮气钢瓶出气口上。

检查各设备连接牢固、准确，为下一步开始充氮检漏操作做好准备。

充氮设备的连接关系：压缩机工艺管口→管路连接器→连接软管→三通压力表阀→连接软管→减压器→氮气钢瓶。

充氮检漏系统的设备连接完成后，需要根据操作规范按要求的顺序打开各设备开关或阀门，然后开始向电冰箱管路中充氮气以及检测有无泄漏点。通常将充氮检漏的具体操作分为2步：第1步是按要求的顺序打开各设备开关或阀门充入氮气；第2步是对焊接接口部分进行检漏。

【充氮检漏的基本操作】

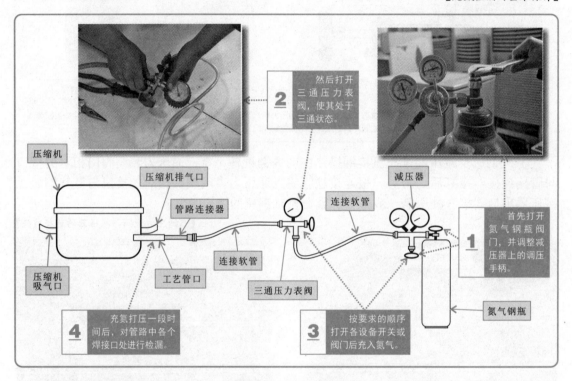

充氮检漏各设备连接好后，按照规范要求的顺序打开各设备的开关或阀门，开始进行充氮操作。

【按要求的顺序打开各设备开关或阀门充入氮气】

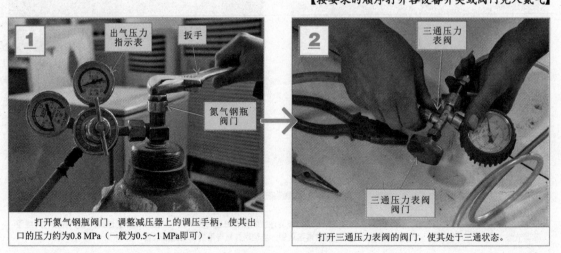

打开氮气钢瓶阀门，调整减压器上的调压手柄，使其出口的压力约为0.8 MPa（一般为0.5～1 MPa即可）。

打开三通压力表阀的阀门，使其处于三通状态。

各设备开关或阀门均打开后，开始充入氮气。

氮气（N₂）

氮气（N₂）   氮气钢瓶

氮气经连接软管、三通压力表阀、连接软管、管路连接器、压缩机工艺管口送入电冰箱管路系统。

三通压力表阀显示充氮压力为0.6MPa时为适中。

充氮一段时间后，电冰箱管路系统具备了一定的压力，一般当三通压力表阀指示在0.6 MPa时，即可停止充氮。关闭三通压力表阀的阀门，断开与氮气钢瓶的连接关系。当仍保持三通压力表阀与电冰箱压缩机的连接关系一段时间后，若三通压力表阀显示压力维持在0.6 MPa，则说明管路中不存在泄漏点；若三通压力表阀显示的压力值逐渐变小，则说明管路存在泄漏故障，应重点对管路的各个焊接接口部分进行检漏。

【电冰箱管路系统中易发生泄漏故障的重点检查部位】

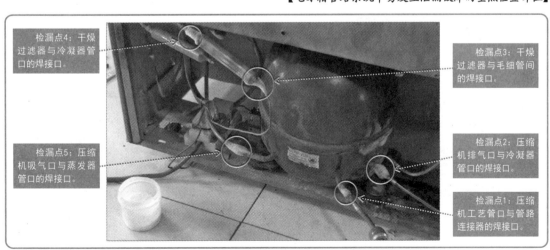

检漏点4：干燥过滤器与冷凝器管口的焊接口。

检漏点3：干燥过滤器与毛细管间的焊接口。

检漏点5：压缩机吸气口与蒸发器管口的焊接口。

检漏点2：压缩机排气口与冷凝器管口的焊接口。

检漏点1：压缩机工艺管口与管路连接器的焊接口。

在电冰箱的管路检修过程中，特别是进行管路部件更换或切割管路操作后，空气很容易进入管路中，进而造成管路中高、低压力上升，增加压缩机负荷，影响制冷效果。另外，空气中的水分也可能导致压缩机线圈绝缘下降，缩短使用寿命；制冷时水分容易在毛细管部分形成冰堵等。

因此，在电冰箱的管路维修完成后，充注制冷剂之前，一定要对整体管路系统进行抽真空处理，以确保管路系统中没有空气和水分。

◢ 1.抽真空设备的连接

抽真空设备主要包括真空泵及相关的辅助设备，其作用就是将电冰箱管路中的空气和水分抽出，确保充注制冷剂时管路系统环境的纯净。因此，在电冰箱检修环境搭建的过程中，应根据要求将相关的抽真空设备进行连接，搭建起抽真空的基本环境，这也是维修电冰箱过程中的关键操作环节。电冰箱管路的抽真空操作，也可通过电冰箱压缩机的工艺管口进行，需要准备的工具主要有真空泵、连接软管、三通压力表阀和管路连接器等。

【电冰箱管路抽真空设备连接关系】

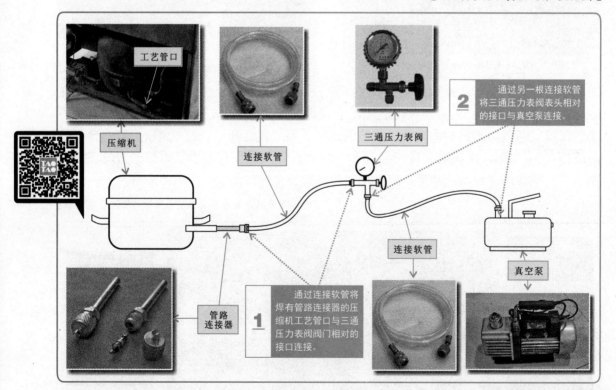

特别提醒

通常将电冰箱抽真空设备的连接分为2步：第1步是将三通压力表阀与压缩机工艺管口连接；第2步是将三通压力表阀与真空泵 连接。

与充氮设备连接时的前期准备工作相同，在连接三通压力表阀和压缩机工艺管口的过程中，应在压缩机工艺管口处焊接管路连接器后，方可使用连接软管实现连接。

【三通压力表阀与压缩机工艺管口的连接方法】

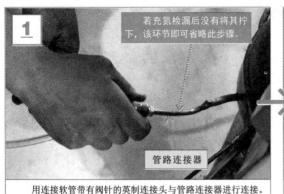

若充氮检漏后没有将其拧下，该环节即可省略此步骤。

管路连接器

用连接软管带有阀针的英制连接头与管路连接器进行连接。

三通压力表阀

若充氮检漏后没有将其拧下，该环节即可省略此步骤。

用连接软管的另一端与三通压力表阀阀门相对的接口连接。

特别提醒

在电冰箱维修操作中，充氮检漏、抽真空、重新充注制冷剂是完成管路部分检修后必要的、连续性的操作环节。

因此，当上一节介绍充氮检漏时，三通压力表阀阀门相对的接口已通过连接软管与管路连接器（焊接在压缩机工艺管口上）接好，操作完成后，只将氮气钢瓶连同减压器取下即可，其他设备或部件仍保持连接，这样在下一个操作环节中，相同连接步骤无须再次操作，可有效减少重复性的操作步骤，提高维修效率。

工艺管口

管路连接器

三通压力表阀

连接软管

进行充氮检漏后，保留压缩机工艺管口与管路连接器、管路连接器与三通压力表阀的连接关系。

真空泵是抽真空操作中的关键设备，用于将电冰箱管路系统中的空气抽出，使管路系统呈真空状态，为下一环节充注制冷剂做好准备。

【三通压力表阀与真空泵的连接方法】

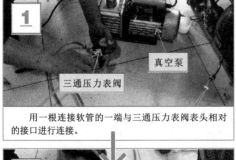

真空泵

三通压力表阀

用一根连接软管的一端与三通压力表阀表头相对的接口进行连接。

真空泵

将连接软管的另一端与真空泵上的吸气口连接。

真空泵排气口

真空泵吸气口

真空泵

压缩机

连接软管

三通压力表阀

抽真空操作中各设备或部件连接完成。

2. 抽真空的操作方法

抽真空的各设备连接完成后，需要根据操作规范按要求的顺序打开各设备的开关或阀门，然后开始对电冰箱管路系统进行抽真空。

【抽真空的基本操作顺序和方法】

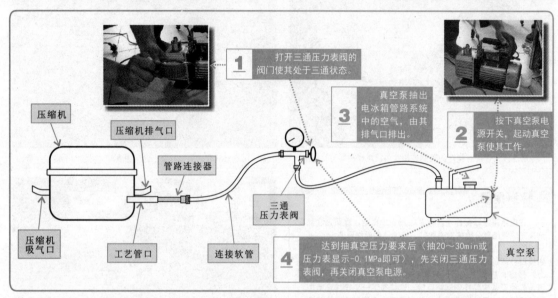

1 打开三通压力表阀的阀门使其处于三通状态。

3 真空泵抽出电冰箱管路系统中的空气，由其排气口排出。

2 按下真空泵电源开关，起动真空泵使其工作。

4 达到抽真空压力要求后（抽20~30min或压力表显示-0.1MPa即可），先关闭三通压力表阀，再关闭真空泵电源。

压缩机
压缩机排气口
管路连接器
压缩机吸气口
工艺管口
连接软管
三通压力表阀
真空泵

了解了抽真空的基本操作方法后，接下来便可按照下图所示，打开抽真空设备，并进行抽真空操作。

【抽真空的基本操作过程】

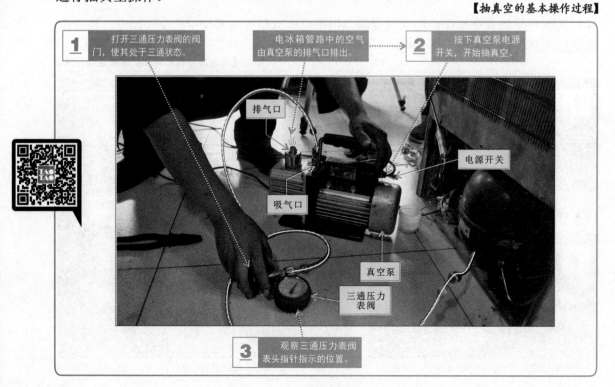

1 打开三通压力表阀的阀门，使其处于三通状态。

电冰箱管路中的空气由真空泵的排气口排出。

2 按下真空泵电源开关，开始抽真空。

排气口
吸气口
电源开关
真空泵
三通压力表阀

3 观察三通压力表阀表头指针指示的位置。

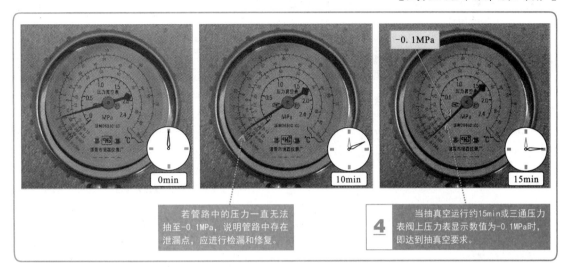

若管路中的压力一直无法抽至-0.1MPa，说明管路中存在泄漏点，应进行检漏和修复。

4 当抽真空运行约15min或三通压力表阀上压力表显示数值为-0.1MPa时，即达到抽真空要求。

特别提醒

　　在电冰箱抽真空操作中，若一直无法将管路中的压力抽至-0.1MPa，表明管路中存在泄漏点，应进行检漏修复。在电冰箱抽真空操作结束后，可以保持三通压力表阀与工艺管口的连接状态，使电冰箱静止放置一段时间（2~5h），然后观察三通压力表阀上压力表的压力指示，正常情况下应为-0.1MPa持续不变。若放置一段时间后发现三通压力表阀上压力表的压力变大或抽真空操作一直抽不到-0.1MPa（压力发生变化），说明电冰箱的管路中存在轻微泄漏，应对管路进行检漏操作和处理。若压力未发生变化，说明电冰箱管路系统无泄漏，此时便可进行充注制冷剂的操作了。

　　管路抽完真空后，按要求关闭抽真空设备。

【关闭真空泵设备】

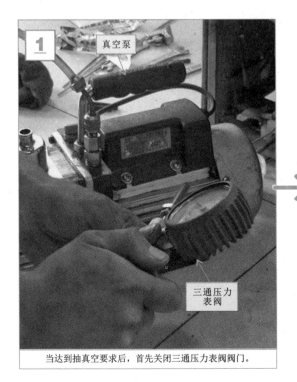

当达到抽真空要求后，首先关闭三通压力表阀阀门。

然后再关闭真空泵电源，取下真空泵上的连接软管，停止抽真空。

电冰箱管路检修完毕后，都需要充注制冷剂。制冷剂的充注量和类型要参照电冰箱上的铭牌标识或压缩机上的标识。

■ **1. 充注制冷剂设备的连接**

电冰箱管路充注制冷剂的操作也是通过电冰箱压缩机的工艺管口进行的，需要准备的器材主要有储存制冷剂的钢瓶、连接软管、三通压力表阀和管路连接器等。

【电冰箱管路充注制冷剂设备的连接关系】

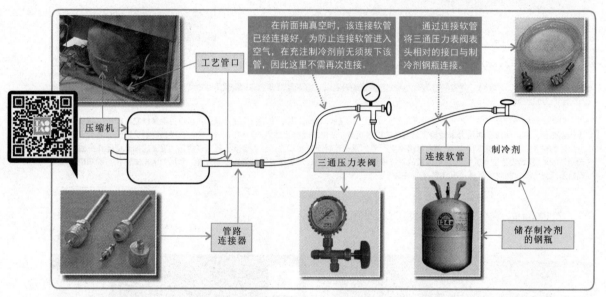

了解了充注制冷剂设备的连接顺序后，接下来便可动手连接充注制冷剂设备。

【充注制冷剂设备的连接方法】

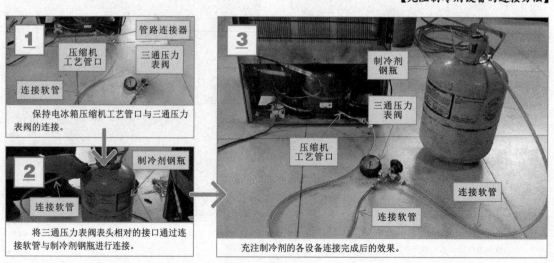

1 保持电冰箱压缩机工艺管口与三通压力表阀的连接。

2 将三通压力表阀表头相对的接口通过连接软管与制冷剂钢瓶进行连接。

3 充注制冷剂的各设备连接完成后的效果。

2.充注制冷剂的操作方法

　　充注制冷剂的各设备连接完成后，需要根据操作规范按要求的顺序打开各设备的开关或阀门，开始对电冰箱管路系统充注制冷剂。

【充注制冷剂的基本操作顺序】

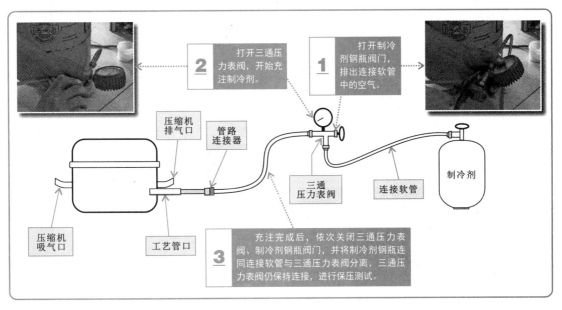

　　了解了充注制冷剂的基本操作方法后，接下来便可动手操作了。

【充注制冷剂的基本操作方法】

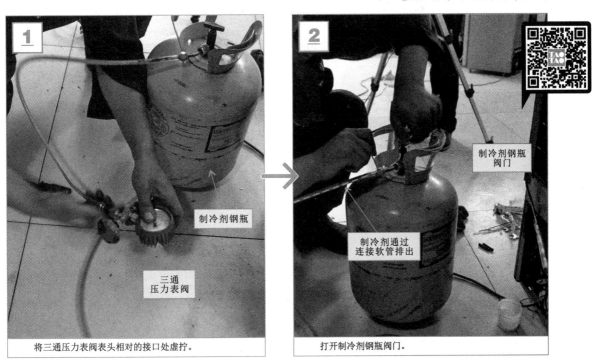

制冷剂将制冷剂钢瓶与三通压力表阀之间的连接软管中的空气从虚拧处顶出。

当连接软管虚拧处有轻微制冷剂流出时，表明空气已经排净。此时，将虚拧的连接软管拧紧。

三通压力表阀

制冷剂充注时，需开机进行，直到制冷剂充注完成。

特别提醒

充注制冷剂操作一般要分多次完成，即开始充注制冷剂约10s后关闭压力表阀和制冷剂钢瓶阀门，开机运转15min后，开始第2次充注；同样，充注10s左右后，停止充注，再连续运转15min后，开始第3次充注，如此反复。一般可分为6次进行充注，充注时间一般应控制在90min内。充注过程中可同时观察压力表显示压力，判断制冷剂充注是否完成。

制冷剂钢瓶阀门

打开三通压力表阀阀门，使其处于三通状态。制冷剂经三通压力表阀后，开始向电冰箱管路系统中充注制冷剂。

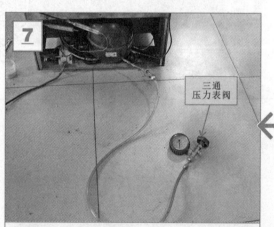

三通压力表阀

三通压力表阀仍与电冰箱压缩机工艺管口连接，进行保压测试。

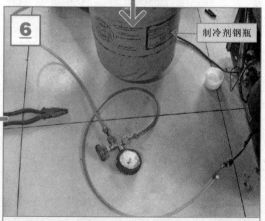

制冷剂钢瓶

制冷剂充注完成后，依次关闭三通压力表阀、制冷剂钢瓶阀门，并将制冷剂钢瓶连同连接软管与三通压力表阀分离。

特别提醒

充注完成后，连续观察2h（电冰箱至少完成一次自动停机、自动起动循环），电冰箱制冷效果良好，且运行压力正常（根据电冰箱功率大小、制冷剂类型不同，具体运行压力也不相同），表明制冷剂充注成功。

3.2 电冰箱常用的故障判别方法

电冰箱作为日常生活中必要的家电产品，每天都处于工作状态，因而出现故障的概率和频率较高。造成电冰箱故障的原因是多种多样的，电冰箱发生故障的部位也是比较多的，一旦电冰箱出现故障，首先要判别出是电冰箱的哪个部分出现了故障，然后分析并找到造成该故障的原因，最终排除故障。因此，电冰箱的故障判别是维修电冰箱的一个重要环节。它可帮助维修人员快速、准确地判断电冰箱的故障范围或故障部件。电冰箱常用的故障判别方法有3种，分别是直接观察判别电冰箱的故障、通过触摸判别电冰箱的故障、通过保压检漏判别电冰箱的故障。

▶ 3.2.1 直接观察判别电冰箱的故障 ≫

电冰箱维修高手非常善于从电冰箱的工作状态中查找故障线索，因此，在检修中，可首先对具有明显特征的部位仔细观察，以通过外观状态和特点，查找并判别出重要的故障线索。

 1. 直接观察法判别电冰箱的故障

电冰箱出现故障后，不可盲目进行拆卸或代换检修操作，应首先使用观察法检查电冰箱的整体外观及主要部位是否正常，有无明显磕碰或损坏的地方。

【直接观察法判别电冰箱的整体外观及主要部位有无异常】

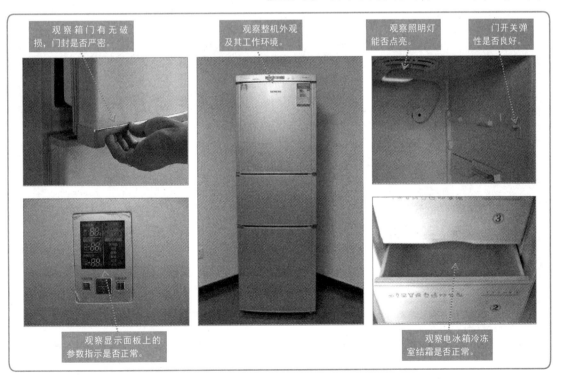

观察箱门有无破损，门封是否严密。

观察整机外观及其工作环境。

观察照明灯能否点亮。

门开关弹性是否良好。

观察显示面板上的参数指示是否正常。

观察电冰箱冷冻室结霜是否正常。

2. 观察电冰箱主要特征部件有无异常

电冰箱的管路系统中，有些部件在工作时的外部特征能够很明显地体现电冰箱的工作状态，如毛细管、干燥过滤器等。若毛细管、干燥过滤器表面有明显结霜现象，则表明电冰箱管路系统存在脏堵、冰堵或油堵故障。

【通过观察法判断电冰箱毛细管、干燥过滤器等特征部件的外观】

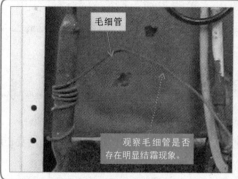
毛细管

观察毛细管是否存在明显结霜现象。

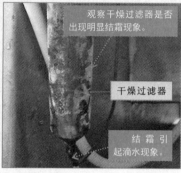
观察干燥过滤器是否出现明显结霜现象。

干燥过滤器

结霜引起滴水现象。

特别提醒

检修电冰箱时，仔细观察类似毛细管、干燥过滤器等具有明显特征部件的外观，对快速辨别故障十分必要。

 3. 观察电冰箱焊接点有无明显油渍

电冰箱管路系统中的部件之间多采用焊接方式，焊接部位较容易出现泄露，因此在检修电冰箱时，还应仔细观察各个焊接点处有无油渍泄露（压缩机的冷冻机油），这对判断管路系统是否存在泄漏点有很大帮助。

【借助白纸观察管路焊接点有无油渍】

检查压缩机工艺管口处有无油渍。

检查压缩机吸气口与管路焊接处有无油渍。

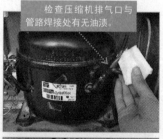
检查压缩机排气口与管路焊接处有无油渍。

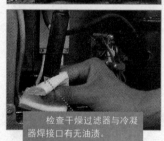
检查干燥过滤器与冷凝器焊接口有无油渍。

检查干燥过滤器与毛细管焊接口有无油渍。

检查蒸发器与铜制管路（接压缩机吸气口）焊接口有无油渍。

特别提醒

采用观察法判断电冰箱管路焊接点有无泄漏时，可用一张干净的白纸在管路中的焊接点进行擦拭，若白纸上有明显油渍，则说明该处存在泄露故障。

触摸法是指通过接触电冰箱某部位，感受其温度的方法来判断故障。一般通过触摸法查找电冰箱故障时，可将电冰箱在通电20～30min，在制冷系统中各部位的温度都会出现明显的变化之后，通过用手感觉各部位的温度即可有效地判断出故障线索。

根据维修经验，当电冰箱在通电运行20～30min之后，温度应有明显变化的部位或部件主要包括压缩机、干燥过滤器、冷凝器和蒸发器等，通过触摸感受这些部件温度的变化情况，很容易查找和判断出电冰箱的故障范围。

 1. 通过触摸法感知压缩机的温度

电冰箱在运行状态时，可用手触摸压缩机的表面感知其温度，判断压缩机的运行情况。在压缩机运转过程中，用手触摸压缩机不同的位置，感觉到的温度也各有不同。

【用手触摸压缩机不同部位感知温度情况】

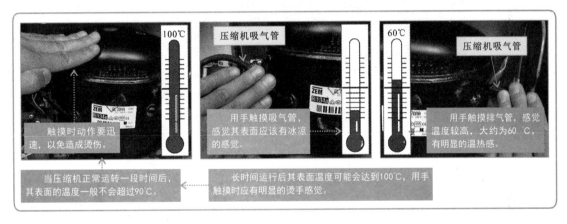

 2. 通过触摸法感知蒸发器的结霜情况

蒸发器的温度直接影响电冰箱的制冷效果，通过感知蒸发器上结霜情况，对判断电冰箱管路系统中是否存在故障十分必要。

【用手触摸蒸发器不同部位感知结霜情况】

3.通过触摸法感知干燥过滤器的温度

　　干燥过滤器的温度能够在很大程度上体现出电冰箱管路系统的工作状态，因此，用触摸法感知干燥过滤器的温度，在维修电冰箱时十分常见。

【用触摸法感知干燥过滤器的温度】

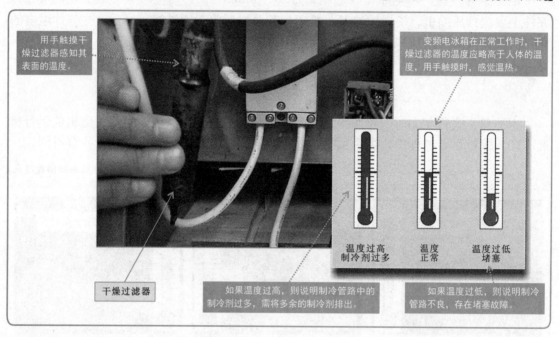

用手触摸干燥过滤器感知其表面的温度。

变频电冰箱在正常工作时，干燥过滤器的温度应略高于人体的温度，用手触摸时，感觉温热。

温度过高　温度　温度过低
制冷剂过多　正常　堵塞

干燥过滤器

如果温度过高，则说明制冷管路中的制冷剂过多，需将多余的制冷剂排出。

如果温度过低，则说明制冷管路不良，存在堵塞故障。

 4.通过触摸法感知冷凝器的温度

　　电冰箱中的冷凝器在工作中也具有明显的温度变化特征，通过感知冷凝器不同部位的温度变化对判断电冰箱管路系统的工作状态也十分有帮助。

【用触摸法感知冷凝器的温度】

在正常情况下，冷凝器出口处的温度较低。

冷凝器从入口处到出口处的温度逐渐降低，触摸时应有明显的温差。

在正常情况下，冷凝器入口处的温度较高。

出口

入口

保压检漏法是电冰箱管路维修过程中常采用的一种判断方法，它是指通过压力表测试管路系统中压力的大小来判断管路系统是否存在泄露故障的方法，也可称为保压测试法。保压检漏法一般应用于电冰箱管路系统被打开（某部分管路或部件被切开或取下），维修完成后进行充氮检漏时，或对管路重新充注制冷剂后，采用的一种判别方法。

【通过保压检漏判别电冰箱的故障】

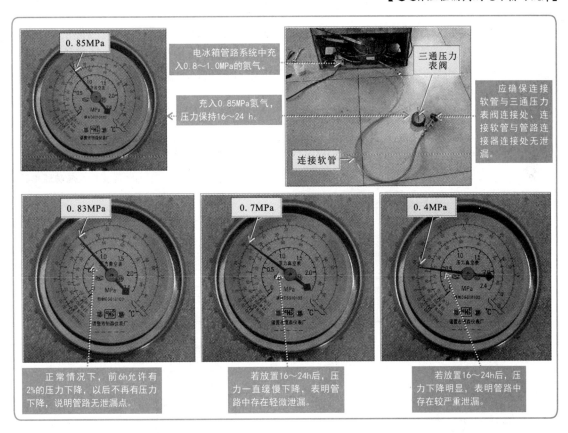

0.85MPa

电冰箱管路系统中充入0.8～1.0MPa的氮气。

充入0.85MPa氮气，压力保持16～24 h。

三通压力表阀

应确保连接软管与三通压力表阀连接处、连接软管与管路连接器连接处无泄漏。

连接软管

0.83MPa

正常情况下，前6h允许有2%的压力下降，以后不再有压力下降，说明管路无泄漏点。

0.7MPa

若放置16～24h后，压力一直缓慢下降，表明管路中存在轻微泄漏。

0.4MPa

若放置16～24h后，压力下降明显，表明管路中存在较严重泄漏。

特别提醒

保压检漏法一般可分为整体保压检漏法和分段保压检漏法两种。

(1) 整体保压检漏法。整体保压检漏法是指在压缩机的工艺管口处，将三通压力表阀连接好后，向电冰箱管路中充入压力为0.8～1.0 MPa的氮气，然后用肥皂水对外露的各个焊接点进行检漏（包括冷冻室蒸发器与管路的接头）。若无漏点，则压力保持16～24 h，前6 h允许有2%的压力下降，后面的10～18 h不允许表压有任何下降，若压力下降，则判定为制冷系统漏，必须进行分段保压检漏。

(2) 分段保压检漏法。为了缩小泄漏点的寻找范围，需要将电冰箱制冷系统分割成高压（冷凝器、压缩机）和低压（蒸发器、毛细管和吸气管）两个部分或更多部分，分别进行试压检漏。具体方法：

① 从干燥过滤器与毛细管连接处将管路分开，并将分开的两管各自封死。

② 把吸气管从压缩机上取下，并将压缩机上吸气管口封死，这时从压缩机工艺管口所接的三通压力表阀充注1.0～1.2 MPa的氮气，并对高压部分检漏。

③ 从压缩机取下的吸气管上，再焊接上一个三通压力表阀，通过连接软管、三通压力表阀充入0.6～0.8 MPa的氮气，并对低压部分检漏。

正常情况下，充入氮气放置几个小时后应均无压力下降。若高压部分的压力下降则建议更换外挂式冷凝器；若低压部分泄漏多为内漏，应按实际情况进行剪除、扒修和替换等方法修复。

第4章
电冰箱起动继电器的检修方法

4.1 电冰箱起动继电器的结构和功能

4.1.1 电冰箱起动继电器的结构

　　起动继电器是对压缩机进行起动和控制的装置，它位于电冰箱压缩机侧面的塑料保护盒内，供电引线插接在起动继电器上，而起动继电器则插接在压缩机电动机绕组接线柱上。常用的起动继电器主要有重锤式起动继电器和PTC起动器两种。

1. 重锤式起动继电器

　　重锤式起动继电器又称组合式起动继电器，广泛应用于电容起动式压缩机中。

【重锤式起动继电器】

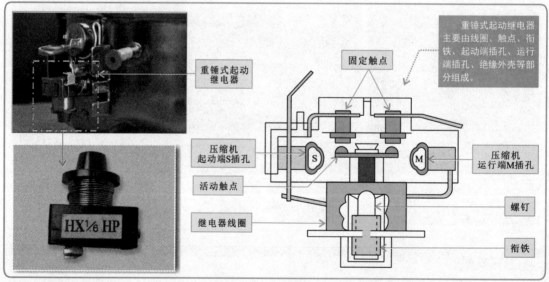

特别提醒

重锤式起动继电器的触点端与压缩机起动端相连，线圈一侧与压缩机运行端相连。

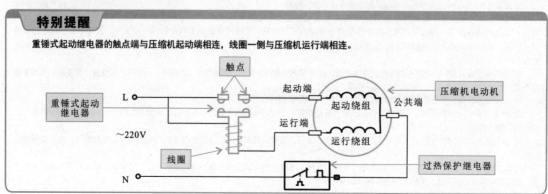

PTC起动器又称作半导体式起动器。它的内部由PTC元件构成。

【PTC起动器的结构】

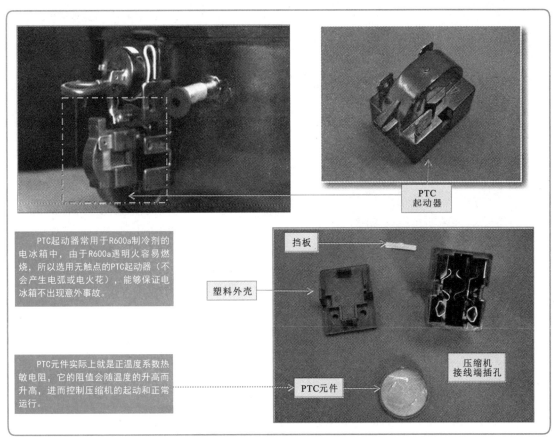

PTC起动器

PTC起动器常用于R600a制冷剂的电冰箱中，由于R600a遇明火容易燃烧，所以选用无触点的PTC起动器（不会产生电弧或电火花），能够保证电冰箱不出现意外事故。

挡板

塑料外壳

PTC元件实际上就是正温度系数热敏电阻，它的阻值会随温度的升高而升高，进而控制压缩机的起动和正常运行。

PTC元件

压缩机接线端插孔

特别提醒

在实际应用中，PTC起动器通常并联在压缩机的起动端和运行端上。

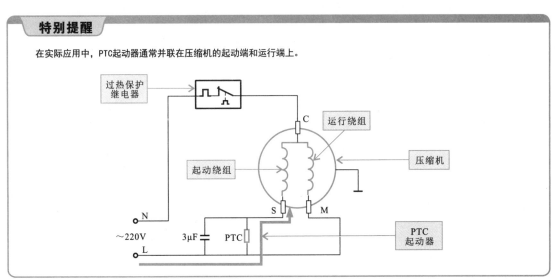

过热保护继电器

C
运行绕组
起动绕组
压缩机

N
S   M
~220V   3μF   PTC
L
PTC起动器

　　起动继电器安装在压缩机的绕组端，刚接通电源时，起动继电器会接通压缩机起动绕组，使压缩机开始运转；随着转速的提高，起动继电器又会断开起动绕组，只保留运行绕组的供电，从而实现压缩机的起动控制。

【重锤式起动继电器的功能】

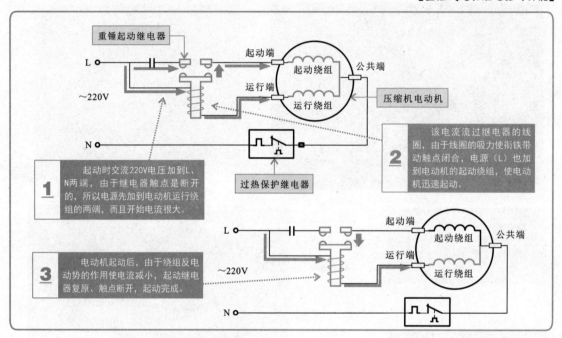

【PTC起动器的功能】

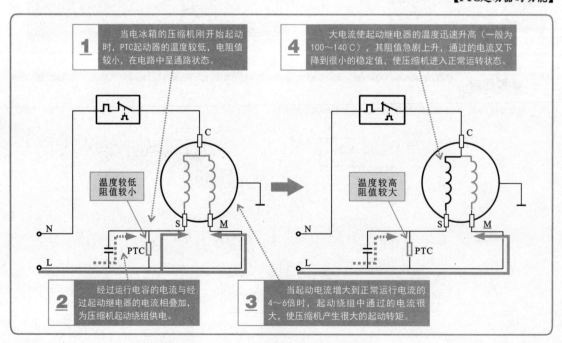

▶ 4.2.1 电冰箱起动继电器的拆卸 »

若起动继电器出现故障，电冰箱将不能正常起动。如果怀疑起动继电器出现问题，首先需要将其从压缩机上拆下，然后再对起动继电器进行检测，若发现故障，就需要寻找可替代的新起动继电器进行代换。拆卸过程请参看下面的图解演示。

【起动继电器的拆卸】

1

起动继电器与过热保护继电器一同安装在压缩机侧端的保护盒内。

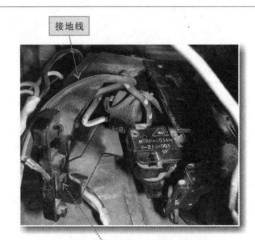

接地线

起动继电器和过热保护继电器的连接线均连接在接线盒上。

起动继电器与过热保护继电器一同安装在压缩机侧端的保护盒内，首先对保护盒金属卡扣、保护盒、引线固定插件进行拆卸，然后再对接线盒、起动继电器等进行拆卸。

2

金属卡扣

使用一字槽螺钉旋具撬开金属卡扣。

3

取下金属卡扣后，拧下固定插件的螺钉，取下固定插件。

4

使用一字槽螺钉旋具撬开接线盒的卡扣，取下接线盒。

5

接地线

使用螺钉旋具拧开与压缩机一端连接的接地线。

7

从压缩机绕组端上拔下起动继电器。

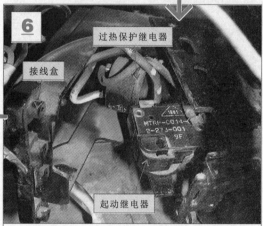

6

过热保护继电器

接线盒

起动继电器

取下接线盒、接地线后，可看到起动继电器和过热保护继电器。

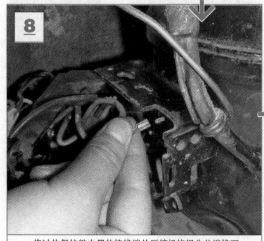

8

将过热保护继电器的接线端从压缩机绕组公共端拔下。

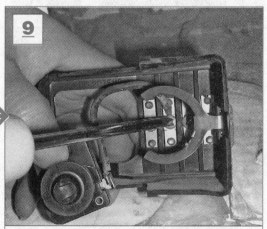

9

使用螺钉旋具拧下重锤式起动继电器连接线与接线盒上的固定螺钉，使重锤式起动继电器与接线盒彻底分离。

1. 起动继电器的检测

在电冰箱中常用的起动继电器主要有PTC起动器和重锤式起动继电器两种，维修电冰箱时，需要根据起动继电器的类型，采用恰当的方法对起动继电器进行检测判断。检测过程请参看下面的图解演示。

【PTC起动器的检测】

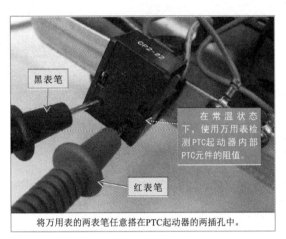

在常温状态下，使用万用表检测PTC起动器内部PTC元件的阻值。

黑表笔

红表笔

将万用表的两表笔任意搭在PTC起动器的两插孔中。

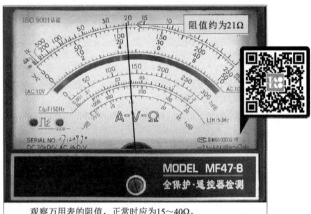

阻值约为21Ω

MODEL MF47-8
全保护·遥控器检测

观察万用表的阻值，正常时应为15～40Ω。

特别提醒

正常情况下，PTC起动器在常温状态下测得的阻值应为15～40Ω，若测得的阻值为零或无穷大，则说明该PTC起动器损坏。

【重锤式起动继电器的检测】

1

黑表笔

红表笔

将重锤式起动继电器正置（线圈朝下）。

将万用表的两表笔任意搭在重锤式起动继电器的两插孔中。

阻值为无穷大

MODEL MF47-8
全保护·遥控器检测

观察万用表的阻值，正常时应为无穷大。

特别提醒

重锤式起动继电器是以正置的方式安装在压缩机上的，这样才能保证线圈通电后使触点克服重力吸合，从而实现对压缩机的起动控制。

2

将重锤式起动
继电器倒置（线圈
朝上）。

黑表笔

红表笔

将万用表的两表笔任意搭在重锤式起动继电器的两插孔中。

阻值为零

MODEL MF47-8
全保护·遥控器检测

观察万用表的阻值，正常时应趋于零。

特别提醒

　　将重锤式起动继电器正置时，使线圈朝下，人为模拟断开状态，用万用表检测继电器触点的阻值，正常情况下应为无穷大，若测得阻值为零，则说明该重锤式起动继电器内部损坏。将重锤式起动继电器倒置时，使线圈朝上，人为模拟接通状态，用万用表检测继电器触点的阻值，正常情况下应为零，若测得阻值为无穷大，则说明该重锤起动继电器内部损坏。

特别提醒

　　如果重锤式起动继电器倒置时的阻值为无穷大，则说明该重锤式起动继电器的动触点没有与静触点接通。造成这种现象的原因通常有两方面：一是触点接触不良，二是重锤衔铁卡死。出现上述两种故障时，就要对继电器的内部进行简单的修理。

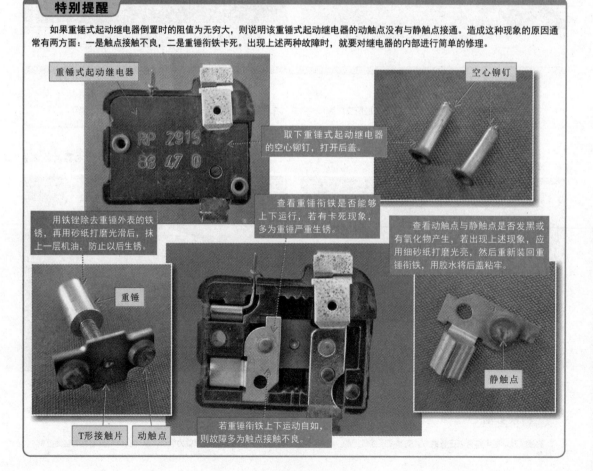

重锤式起动继电器

RP 2915
88 47 0

空心铆钉

取下重锤式起动继电器
的空心铆钉，打开后盖。

查看重锤衔铁是否能够
上下运行，若有卡死现象，
多为重锤严重生锈。

用铁锉除去重锤外表的铁
锈，再用砂纸打磨光滑后，抹
上一层机油，防止以后生锈。

查看动触点与静触点是否发黑或
有氧化物产生，若出现上述现象，应
用细砂纸打磨光亮，然后重新装回重
锤衔铁，用胶水将后盖粘牢。

重锤

静触点

T形接触片　动触点

若重锤衔铁上下运动自如，
则故障多为触点接触不良。

2. 起动继电器的代换

　　若经检测发现起动继电器损坏且无法修复，则需选择合适的起动继电器进行代换。选购起动继电器时需根据起动继电器的标识进行选择。在选择起动继电器时，必须与损坏的起动继电器规格相同，或与压缩机的功率匹配。

【重锤式起动继电器的代换】

将重锤式起动继电器、过热保护继电器以及电冰箱电气系统的连接线安装并固定到接线盒上。

将过热保护继电器的连接线插入压缩机的公共绕组端。

将重锤式起动继电器的两插孔分别插到压缩机的起动和运行绕组端上。

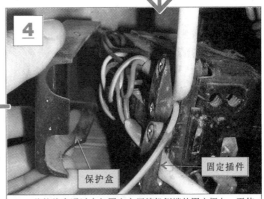

将接线盒通过卡扣固定在压缩机侧端的固定框上，再使用引线固定插件将引线固定在接线盒上，最后扣上保护盒。

安装金属卡扣，固定保护盒，接通电源。电冰箱压缩机起动和运转正常，代换成功完成。

第5章

电冰箱过热保护继电器的检修方法

5.1 电冰箱过热保护继电器的结构和功能

5.1.1 电冰箱过热保护继电器的结构

过热保护继电器是对电冰箱中压缩机进行过电流和过热保护的装置。该继电器通常安装在压缩机电动机绕组的接线端，由塑料防护罩遮挡。其外形比较特殊，比较容易识别。

【过热保护继电器的外部结构】

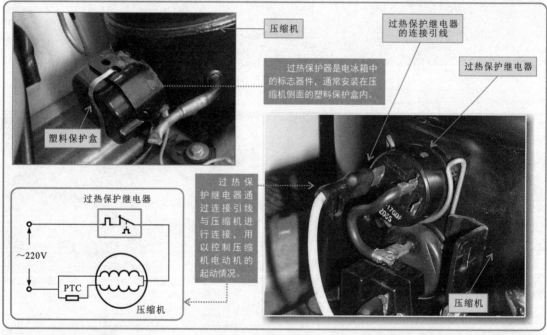

压缩机

塑料保护盒

过热保护器是电冰箱中的标志器件，通常安装在压缩机侧面的塑料保护盒内。

过热保护继电器的连接引线

过热保护继电器

过热保护继电器通过连接引线与压缩机进行连接，用以控制压缩机电动机的起动情况。

过热保护继电器

～220V

PTC

压缩机

压缩机

特别提醒

过热保护继电器作为电冰箱的保护装置，在不同品牌、不同型号的电冰箱中有所区别。

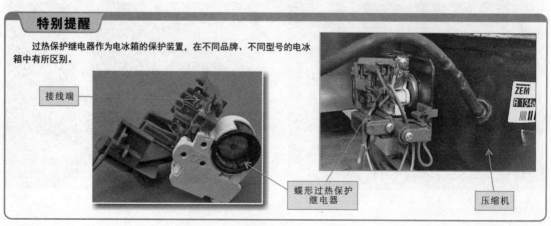

接线端

蝶形过热保护继电器

压缩机

根据已学的知识可知，过热保护继电器的作用是保护压缩机不至于因电流过大或者温度过高而烧毁，具有过电流保护和过热保护的双重功能。

过热保护继电器紧贴在压缩机外壳上，与压缩机公共端串联，并固定在接线盒内。过热保护继电器内部主要由双金属片、触点和两个接线端子组成。

【过热保护继电器的内部结构】

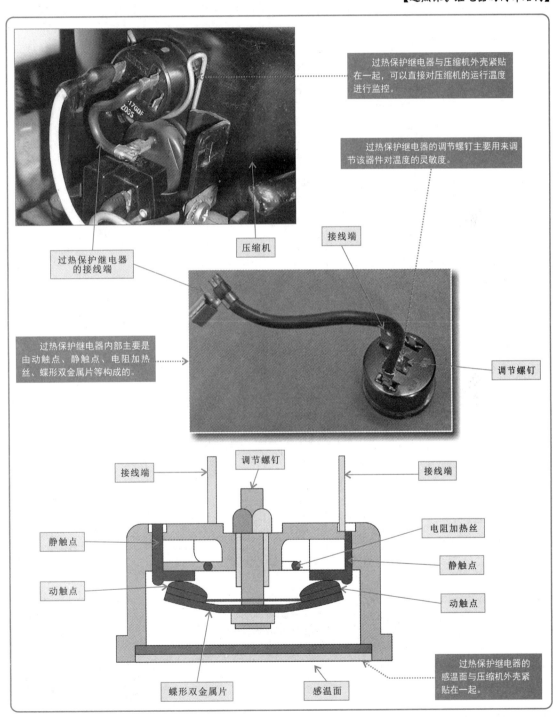

过热保护继电器与压缩机外壳紧贴在一起，可以直接对压缩机的运行温度进行监控。

过热保护继电器的调节螺钉主要用来调节该器件对温度的灵敏度。

压缩机

接线端

过热保护继电器的接线端

过热保护继电器内部主要是由动触点、静触点、电阻加热丝、蝶形双金属片等构成的。

调节螺钉

接线端   调节螺钉   接线端

电阻加热丝

静触点   静触点

动触点   动触点

蝶形双金属片   感温面

过热保护继电器的感温面与压缩机外壳紧贴在一起。

　　过热保护继电器是电冰箱压缩机的重要保护装置，该器件与压缩机的公共端相连，当压缩机外壳温度过高或者电流过大时，继电器内的蝶形双金属片受热后反向弯曲变形，使触点断开，切断压缩机的供电，压缩机停机降温，对压缩机起到了保护作用。

　　过热保护继电器动作后，随着压缩机温度逐渐下降，双金属片又恢复到原来的形态，触点再次接通。

【过热保护继电器的功能】

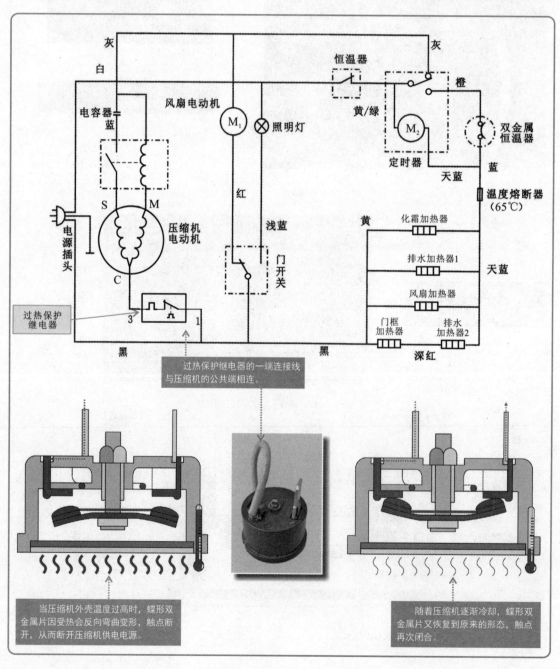

当压缩机外壳温度过高时，蝶形双金属片因受热会反向弯曲变形，触点断开，从而断开压缩机供电电源。

随着压缩机逐渐冷却，蝶形双金属片又恢复到原来的形态，触点再次闭合。

▶ 5.2.1 电冰箱过热保护继电器的拆卸 ▶▶

　　当过热保护继电器出现故障后，电冰箱压缩机会出现不起动或过载烧毁的情况。若怀疑过热保护继电器出现问题，首先需要将过热保护继电器从电冰箱中取下，然后对其进行检测。

【过热保护继电器的拆卸流程】

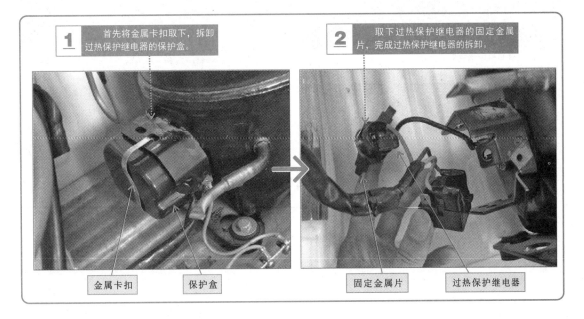

1 首先将金属卡扣取下，拆卸过热保护继电器的保护盒。

2 取下过热保护继电器的固定金属片，完成过热保护继电器的拆卸。

金属卡扣　　保护盒　　　　固定金属片　　过热保护继电器

　　根据过热保护器的拆卸流程可知，在对其进行拆卸时，应先将固定保护盒的金属卡扣取下，然后取下保护盒，即可以看到该器件。过热保护继电器是由固定金属片进行固定的，因此取下固定金属片，即完成过热保护继电器的拆卸。

【过热保护继电器的拆卸方法】

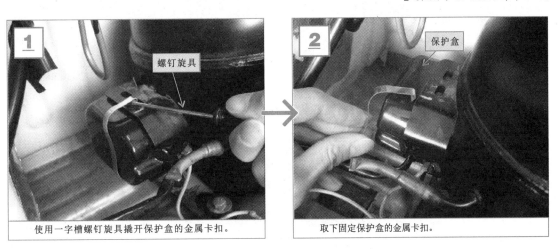

1 螺钉旋具

2 保护盒

使用一字槽螺钉旋具撬开保护盒的金属卡扣。　　　取下固定保护盒的金属卡扣。

取下过热保护继电器的保护盒。

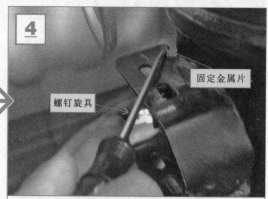

螺钉旋具　固定金属片

使用一字槽螺钉旋具撬开过热保护继电器的固定金属片。

连接插件　钳子

使用钳子拔下过热保护继电器与压缩机的连接插件。

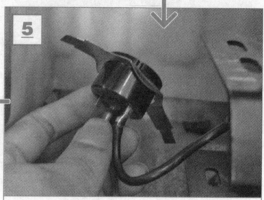

取下过热保护继电器。

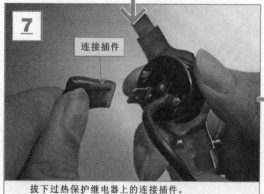

连接插件

拔下过热保护继电器上的连接插件。

取下过热保护继电器，完成该器件的拆卸。

特别提醒

不同类型的过热保护继电器的拆卸方法也有所不同，应根据实际的情况，按照从外到内、从整体到部分、从易到难的顺序进行拆卸。

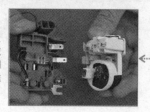

该过热保护继电器与起动继电器安装在一起，在进行拆卸时应将该部件同时取下，然后再进一步取下过热保护继电器。

过热保护继电器

当过热保护继电器出现故障后，电冰箱压缩机会出现不起动或过载烧毁的情况。当怀疑过热保护继电器有损坏时，可对其进行检测，一旦发现故障，就需要寻找可替代的新过热保护继电器进行代换。

过热保护继电器损坏的原因多是触点接触不良、触点粘连、电阻丝烧断或常温下双金属片变形不能复位等，若要判断过热保护继电器是否有故障，需使用万用表对其触点的阻值进行检测，具体检测方法请参看下面的图解演示。

【过热保护继电器的检测方法】

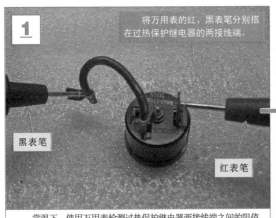

1 将万用表的红、黑表笔分别搭在过热保护继电器的两接线端。

黑表笔

红表笔

常温下，使用万用表检测过热保护继电器两接线端之间的阻值。

正常情况下，万用表测得阻值趋于零。

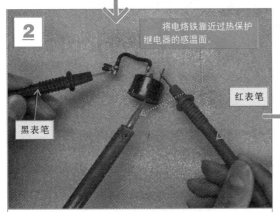

2 将电烙铁靠近过热保护继电器的感温面。

黑表笔

红表笔

将电烙铁加热后，靠近过热保护继电器的感温面，使其处于高温下，再次检测过热保护继电器两接线端之间的阻值。

正常情况下，当过热保护继电器感温面温度过高时，万用表检测的阻值应为无穷大。

特别提醒

通过以上的检测过程可知：
①在室温状态下，过热保护继电器内部双金属片触点处于接通状态，若用万用表检测两接线端之间的阻值接近于零，则正常；若测得阻值过大，甚至到无穷大，则说明该过热保护继电器内部损坏。
②在高温状态下，过热保护继电器内部的双金属片变形断开，若用万用表检测两接线端之间的阻值为无穷大，则正常；若测得阻值为零，则说明保护继电器已损坏，应更换。

在实际操作过程中，若通过检测确定过热保护继电器损坏，则需要对其进行代换。在代换之前，应根据损坏的过热保护继电器的外形、大小、型号等参数选择适合的过热保护继电器，然后再进行代换。

【过热保护继电器的代换方法】

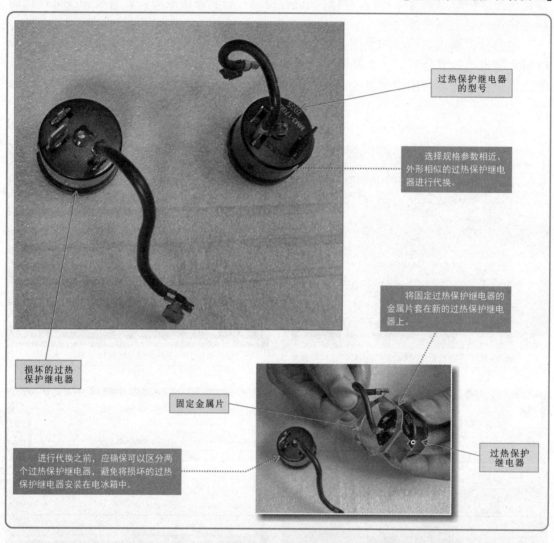

过热保护继电器的型号

选择规格参数相近、外形相似的过热保护继电器进行代换。

将固定过热保护继电器的金属片套在新的过热保护继电器上。

损坏的过热保护继电器

固定金属片

过热保护继电器

进行代换之前，应确保可以区分两个过热保护继电器，避免将损坏的过热保护继电器安装在电冰箱中。

特别提醒

过热保护继电器属于易损部件，由于它的价格低，所以损坏后只需选购同规格的过热保护继电器进行更换即可，切忌用熔体或金属短接替代，否则将失去保护功能。

有些电冰箱将过热保护继电器与起动继电器固定在一起，若需要对该类过热保护继电器进行代换，则需要对整个部件进行选择，并代换。

蝶形过热保护继电器

起动继电器

选择好合适的过热保护继电器后，接下来需要对过热保护继电器进行代换。代换时将新的过热保护继电器安装到压缩机上。

【过热保护继电器的代换方法（续）】

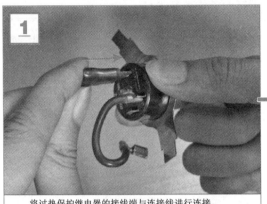

将过热保护继电器的接线端与连接线进行连接。

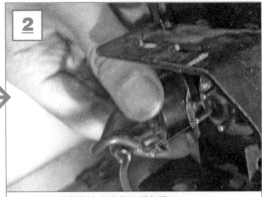

将过热保护继电器安装回原位置。

将过热保护继电器附近的起动继电器安装在压缩机上。

连接插件

将过热保护继电器上的连接插件与压缩机公共端相连。

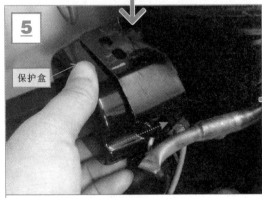

保护盒

盖上过热保护继电器的保护盒。

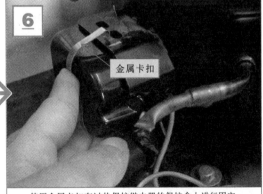

金属卡扣

使用金属卡扣在过热保护继电器的保护盒上进行固定。

特别提醒

通常将过热保护继电器代换完成后，需要通电开机，对电冰箱进行试运行，以保证代换完成后，电冰箱可以正常工作，从而完成过热保护继电器的检测、代换。

第6章

电冰箱压缩机的检修方法

6.1 电冰箱压缩机的结构和功能

6.1.1 电冰箱压缩机的结构

压缩机是电冰箱制冷剂循环的动力源，它驱动管路系统中的制冷剂往复循环，通过热交换达到制冷的目的。

【压缩机的外部结构】

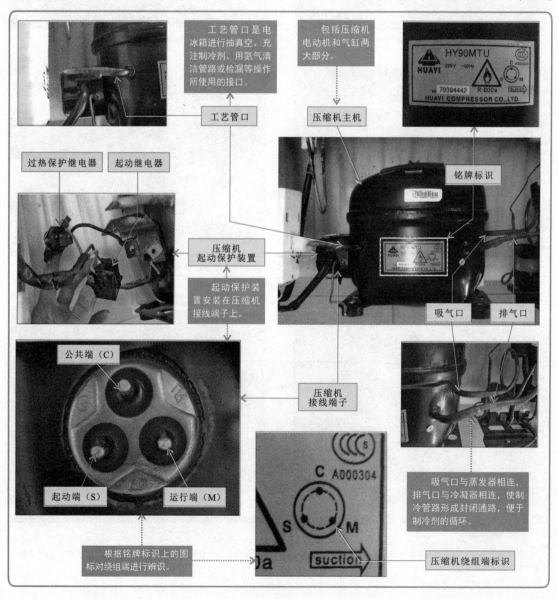

工艺管口是电冰箱进行抽真空、充注制冷剂、用氮气清洁管路或检漏等操作所使用的接口。

工艺管口

包括压缩机电动机和气缸两大部分。

压缩机主机

铭牌标识

过热保护继电器　起动继电器

压缩机起动保护装置

起动保护装置安装在压缩机接线端子上。

吸气口　排气口

公共端（C）

起动端（S）　运行端（M）

根据铭牌标识上的图标对绕组端进行辨识。

压缩机接线端子

吸气口与蒸发器相连，排气口与冷凝器相连，使制冷管路形成封闭通路，便于制冷剂的循环。

压缩机绕组端标识

压缩机工作时将制冷剂压缩成高温高压的饱和气体，从排气口排出；同时，由吸气口吸入低温低压的制冷剂气体，再进行压缩。这样，制冷剂在电冰箱管路中循环流动，通过与外界进行热交换，达到电冰箱制冷的目的。

1. 压缩机的驱动原理

压缩机内部都是由电动机进行驱动的，而不同的是电动机的类型和驱动方式。其中，定频电动机采用定频驱动方式进行驱动，其压缩机也称为定频压缩机；变频电动机采用变频驱动方式进行驱动，其压缩机也称为变频压缩机。

【压缩机的驱动原理】

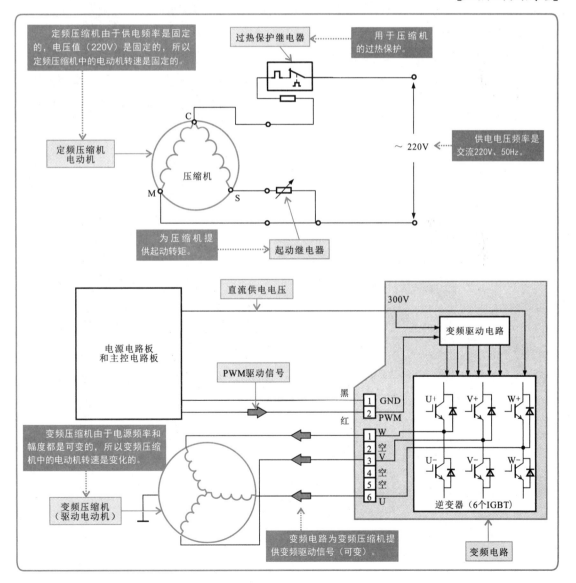

2. 压缩机的压缩原理

电冰箱中常用的压缩机为往复式压缩机，往复式压缩机都是通过电动机带动气缸内活塞的往复运动，来实现制冷剂气体压缩的。

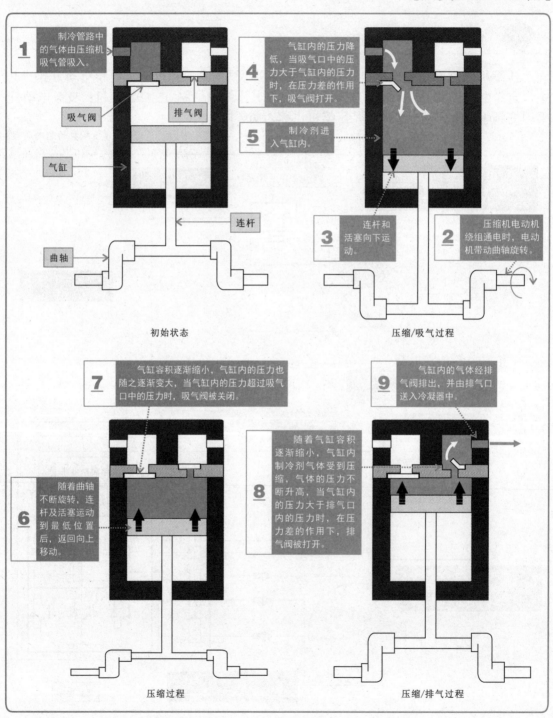

初始状态

压缩/吸气过程

压缩过程

压缩/排气过程

1 制冷管路中的气体由压缩机吸气管吸入。

吸气阀

排气阀

气缸

连杆

曲轴

4 气缸内的压力降低，当吸气口中的压力大于气缸内的压力时，在压力差的作用下，吸气阀打开。

5 制冷剂进入气缸内。

3 连杆和活塞向下运动。

2 压缩机电动机绕组通电时，电动机带动曲轴旋转。

7 气缸容积逐渐缩小，气缸内的压力也随之逐渐变大，当气缸内的压力超过吸气口中的压力时，吸气阀被关闭。

6 随着曲轴不断旋转，连杆及活塞运动到最低位置后，返回向上移动。

8 随着气缸容积逐渐缩小，气缸内制冷剂气体受到压缩，气体的压力不断升高，当气缸内的压力大于排气口内的压力时，在压力差的作用下，排气阀被打开。

9 气缸内的气体经排气阀排出，并由排气口送入冷凝器中。

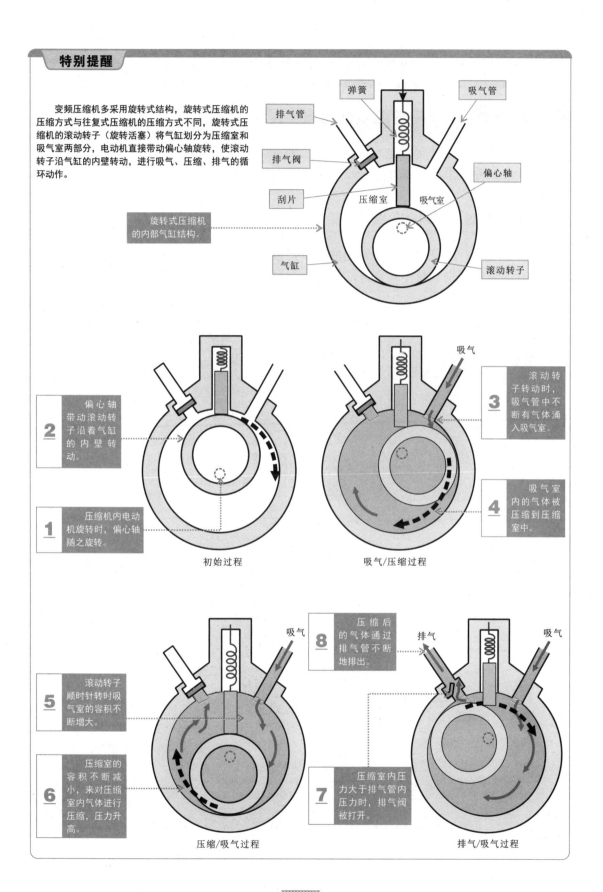

变频压缩机多采用旋转式结构，旋转式压缩机的压缩方式与往复式压缩机的压缩方式不同，旋转式压缩机的滚动转子（旋转活塞）将气缸划分为压缩室和吸气室两部分，电动机直接带动偏心轴旋转，使滚动转子沿着气缸的内壁转动，进行吸气、压缩、排气的循环动作。

弹簧

吸气管

排气管

排气阀

偏心轴

刮片

压缩室

吸气室

旋转式压缩机的内部气缸结构。

气缸

滚动转子

2 偏心轴带动滚动转子沿着气缸的内壁转动。

1 压缩机内电动机旋转时，偏心轴随之旋转。

初始过程

吸气

3 滚动转子转动时，吸气管中不断有气体涌入吸气室。

4 吸气室内的气体被压缩到压缩室中。

吸气/压缩过程

吸气

5 滚动转子顺时针转时吸气室的容积不断增大。

6 压缩室的容积不断减小，来对压缩室内气体进行压缩，压力升高。

压缩/吸气过程

8 压缩后的气体通过排气管不断地排出。

排气

吸气

7 压缩室内压力大于排气管内压力时，排气阀被打开。

排气/吸气过程

▶ 6.2.1 电冰箱压缩机的检测

压缩机出现问题时会使电冰箱管路中的制冷剂不能正常循环运行，从而造成电冰箱不能制冷、制冷效果差、运行时有噪声等故障。下面来了解一下如何检测压缩机。

◆ 1.通过声音判断压缩机故障

在压缩机运行时仔细听它所发出的声音，根据声音可以对压缩机的工作状态或自身性能进行大体的判别。具体判别方法请参看下面的图解演示。

【通过声音判断压缩机故障】

倾听压缩机工作时发出的声响，判断故障部位。

特别提醒

◆比较小的"嗡嗡"声：压缩机机械部件正常。

◆听不到"嗡嗡"声：压缩机损坏或其供电电路存在问题。

◆强烈的"嗡嗡"声：压缩机通电未起动，多为压缩机卡缸或抱轴所致。

◆有"咝咝"声：有大量制冷剂湿蒸气或冷冻机油进入气缸。

◆有"当当"声：内部运动部件出现松动。

◆有"嘶嘶"声：压缩机内高压管断裂时发出的高压气流声。

若压缩机的运行声音异常，除了卡缸、抱轴故障可通过一些方法进行维修外，其他故障只能通过更换压缩机的方法进行维修。

◆ 2.检修压缩机的卡缸、抱轴故障

卡缸、抱轴是压缩机的常见故障之一，严重时由于堵转，可能导致电流迅速增大而使电动机烧毁。对于轻微卡缸、抱轴现象，可通过敲打压缩机外壳排除故障，具体的检修方法请参见下面的图解演示。

【压缩机卡缸、抱轴故障的检修】

在接通电源之前，使用木槌或橡胶锤轻轻敲击压缩机的外壳，并不断变换敲击的位置。

接通电源之后，继续轻轻敲击压缩机外壳，并不断变换敲击位置，直至故障被排除。若敲击无效，需更换压缩机。

3.检测压缩机的绕组阻值

若压缩机不能起动工作，则需使用万用表对压缩机电动机绕组的阻值进行检测，从而判断压缩机电动机是否出现故障。检测方法请参看下面的图解演示。

【压缩机绕组阻值的检测】

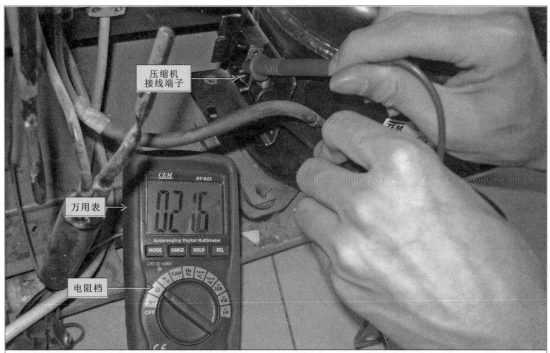

压缩机接线端子

万用表

电阻档

将万用表的红、黑表笔分别搭在压缩机的任意两绕组端，检测压缩机绕组间的阻值。正常时，起动端与运行端之间的阻值等于公共端与起动端之间的阻值和公共端与运行端之间的阻值之和。

公共端

起动端

测得公共端与起动端之间的阻值为21.6Ω。

公共端

运行端

测得公共端与运行端之间的阻值为12.4Ω。

起动端

运行端

测得起动端与运行端之间的阻值为34Ω。

上述为电冰箱定频压缩机内电动机绕组的检测方法和判断结果，而变频电冰箱压缩机通常采用变频压缩机，该压缩机电动机内部为三相绕组（用U、V、W标识），检测方法与定频压缩机电动机的检测方法相同，只是测量结果的判定方法不同，变频压缩机电动机三相绕组两两之间均有一定的阻值，且三组阻值是基本相同的。

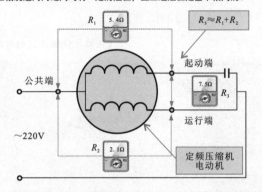
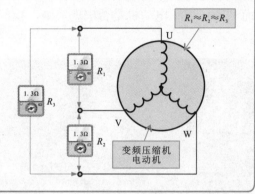

4. 检测压缩机的绝缘电阻

压缩机电动机的绕组与外壳间应为绝缘状态。若出现电动机绕组与外壳间搭接短路，不仅可能造成压缩机故障，还可能会出现空调器室外机漏电情况。因此，除通过上述方法检测压缩机外，还可通过检测压缩机电动机绝缘阻值的方法判断压缩机的好坏。检测方法请参看下面的图解演示。

【压缩机绝缘电阻的检测】

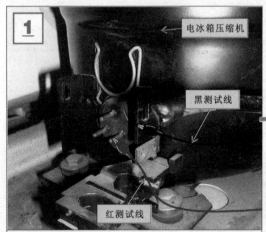

将绝缘电阻表两根测试线上的鳄鱼夹分别夹在压缩机绕组的接线端子和外壳上。

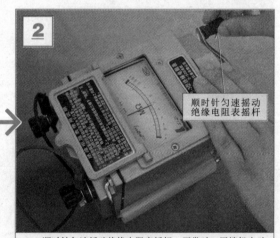

顺时针匀速摇动绝缘电阻表摇杆，正常时，压缩机电动机绕组与外壳间应处于绝缘状态，阻值应为500MΩ。

正常情况下，压缩机电动机绕组与压缩机外壳之间的阻值应为无穷大（绝缘电阻表指示500MΩ）。若测得阻值较小，则说明压缩机内电动机绕组与外壳之间短路，应恢复绝缘性或直接更换压缩机。

若在实际检测中没有绝缘电阻表，也可使用万用表检测压缩机的绝缘电阻，大致判断一下压缩机电动机绕组与外壳是否短路。

当电冰箱压缩机老化或出现无法修复的故障时，就需要使用同型号或参数相同的压缩机进行代换。

1. 压缩机的拆卸

压缩机的排气管和吸气管分别与冷凝器和蒸发器的管口焊接在一起，并通过螺栓固定在电冰箱的底板上。因此，拆卸压缩机通常可分为两大步骤：第一步是要对压缩机管路进行拆焊，第二步是对压缩机底部螺栓进行拆卸。操作过程请参看下面的图解演示。

【压缩机管路的拆焊方法】

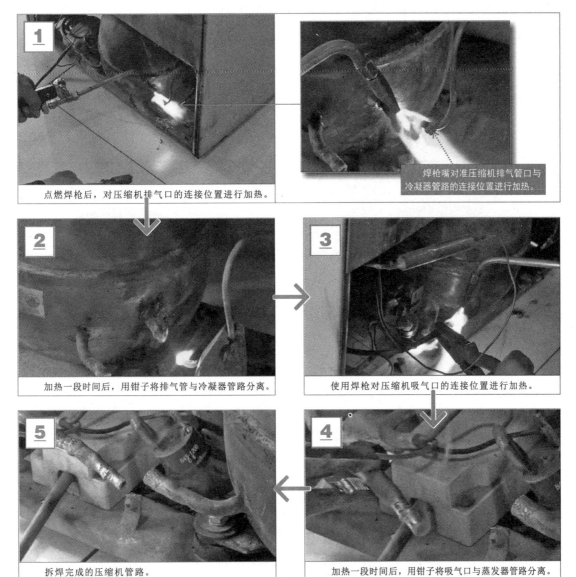

1　点燃焊枪后，对压缩机排气口的连接位置进行加热。

焊枪嘴对准压缩机排气管口与冷凝器管路的连接位置进行加热。

2　加热一段时间后，用钳子将排气管与冷凝器管路分离。

3　使用焊枪对压缩机吸气口的连接位置进行加热。

5　拆焊完成的压缩机管路。

4　加热一段时间后，用钳子将吸气口与蒸发器管路分离。

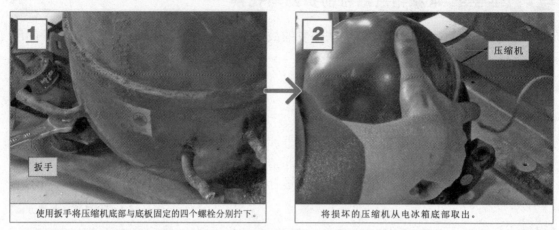

使用扳手将压缩机底部与底板固定的四个螺栓分别拧下。

将损坏的压缩机从电冰箱底部取出。

2.压缩机的代换

　　压缩机的代换方法通常可分为四大步骤：第一步是寻找可代替的压缩机；第二步是对压缩机进行安装并固定；第三步是对压缩机吸气口与蒸发器排气口重新焊接；第四步是对压缩机排气口与冷凝器进气口重新焊接。操作过程请参看下面的图解演示。

【压缩机的选择】

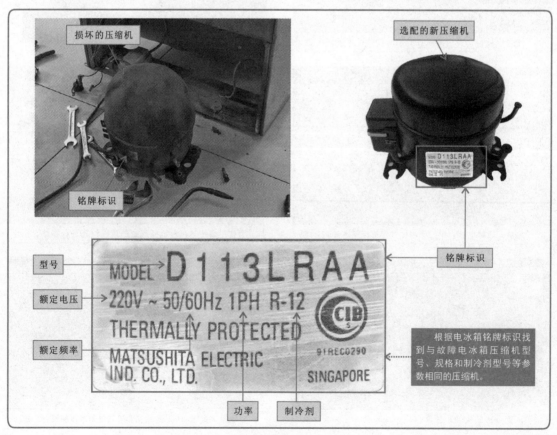

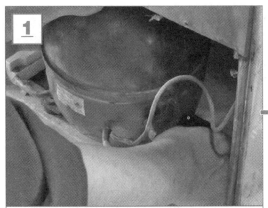

将新压缩机放置在原压缩机的安装位置处。

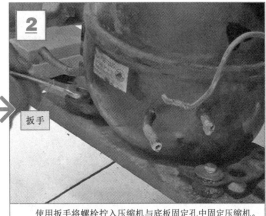

使用扳手将螺栓拧入压缩机与底板固定孔中固定压缩机。

【压缩机吸气口与蒸发器排气口的焊接】

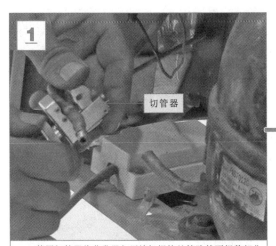

使用切管器将蒸发器与压缩机焊接处管路的不规整部分切除掉。

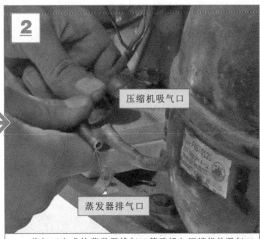

将加工完成的蒸发器排气口管路插入压缩机的吸气口内。

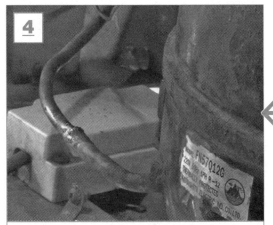

焊接完成的蒸发器与压缩机管路的焊接处。焊接完成后应对焊接部位的焊接质量进行检查。

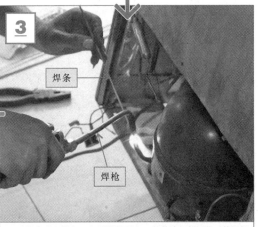

待蒸发器排气口与压缩机吸气口的管路插接到位，使用焊枪对蒸发器与压缩机的连接处进行焊接操作。

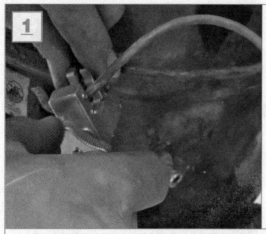

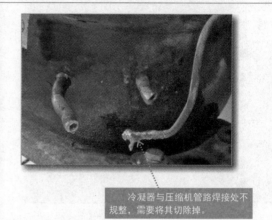

冷凝器与压缩机管路焊接处不规整，需要将其切除掉。

使用切管器将冷凝器与压缩机焊接处管路的不规整部分切除掉。

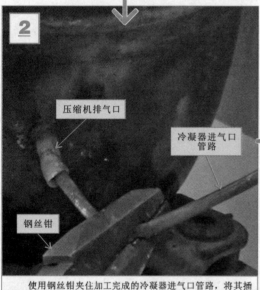

压缩机排气口

冷凝器进气口管路

钢丝钳

使用钢丝钳夹住加工完成的冷凝器进气口管路，将其插入压缩机的排气口内。

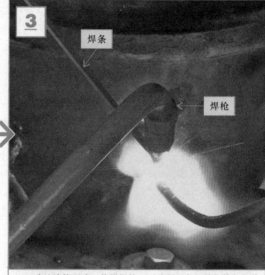

焊条

焊枪

确认连接正确。使用焊枪，对冷凝器与压缩机排气口的连接部位进行焊接。

将压缩机的起动保护装置装回压缩机上，开机试运行，电冰箱工作正常，故障排除。

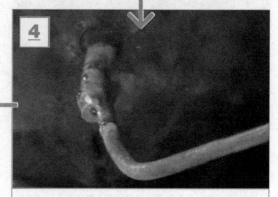

熔化的焊条均匀地包围在焊接口处。

第7章
电冰箱蒸发器和冷凝器的检修方法

7.1 电冰箱蒸发器和冷凝器的结构和功能

7.1.1 电冰箱蒸发器的结构和功能

蒸发器是电冰箱制冷管路中实现吸热的部件，通常制成U形，用锡焊或粘接的方式安装在电冰箱内部成形的铝板或钢丝网上。通常，蒸发器主要有内藏式和外露式两种。

1. 内藏式蒸发器

电冰箱的内藏式蒸发器多为板管式结构，这种蒸发器是将铜管或铝管制成一定形状后，用锡焊或粘接的方法安装在成形的铜板或铝板上制成的。

【内藏式蒸发器的结构】

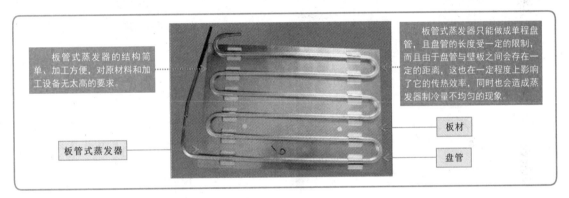

板管式蒸发器的结构简单、加工方便，对原材料和加工设备无太高的要求。

板管式蒸发器只能做成单程盘管，且盘管的长度受一定的限制，而且由于盘管与壁板之间会存在一定的距离，这也在一定程度上影响了它的传热效率，同时也会造成蒸发器制冷量不均匀的现象。

板管式蒸发器

板材

盘管

2. 外露式蒸发器

外露式蒸发器主要由钢丝网和盘管组成，实现制冷功能的同时也起到支撑的作用。

【外露式蒸发器的结构】

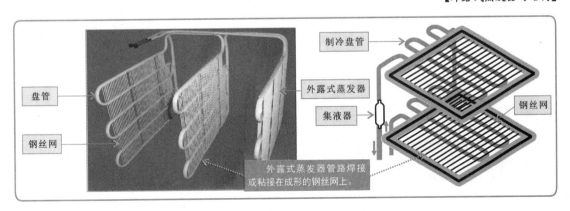

盘管

钢丝网

制冷盘管

外露式蒸发器

集液器

钢丝网

外露式蒸发器管路焊接或粘接在成形的钢丝网上。

3. 蒸发器的功能

　　蒸发器又称为吸热器，它的进气口与毛细管连接，低温的制冷剂在经过蒸发器时会吸收箱室内的热量，从而使电冰箱内的温度下降，实现制冷的效果。由于冷藏室、冷冻室制冷温度不同，所以通常制冷剂都先流过冷冻室蒸发器，对冷冻室制冷后，再流入冷藏室蒸发器中，对冷藏室进行制冷。

【蒸发器的功能】

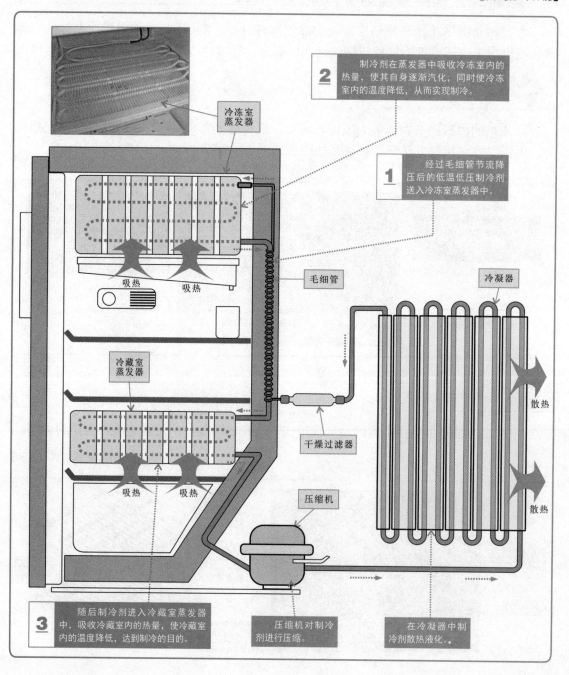

冷冻室蒸发器

2 制冷剂在蒸发器中吸收冷冻室内的热量，使其自身逐渐汽化，同时使冷冻室内的温度降低，从而实现制冷。

1 经过毛细管节流降压后的低温低压制冷剂送入冷冻室蒸发器中。

吸热　吸热

毛细管

冷凝器

冷藏室蒸发器

吸热　吸热

干燥过滤器

散热

散热

压缩机

3 随后制冷剂进入冷藏室蒸发器中，吸收冷藏室内的热量，使冷藏室内的温度降低，达到制冷的目的。

压缩机对制冷剂进行压缩。

在冷凝器中制冷剂散热液化。

冷凝器在电冰箱制冷管路中是实现散热的部件，其外形呈U形，通常安装在电冰箱背部。根据安装方式的不同，可分为外露式冷凝器和内藏式冷凝器。

【外露式冷凝器和内藏式冷凝器】

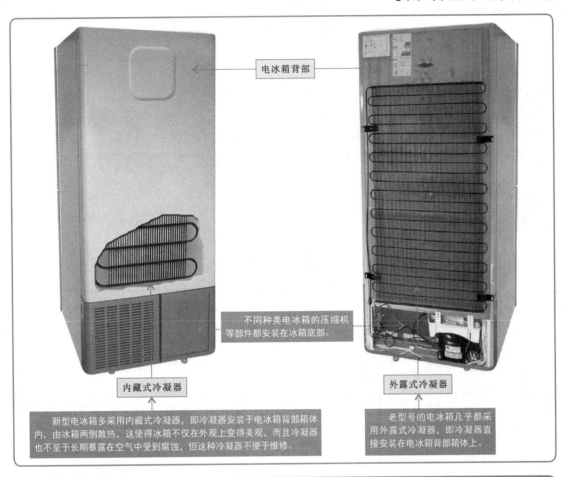

电冰箱背部

不同种类电冰箱的压缩机等部件都安装在冰箱底部。

内藏式冷凝器

外露式冷凝器

新型电冰箱多采用内藏式冷凝器，即冷凝器安装于电冰箱背部箱体内，由冰箱两侧散热，这使得冰箱不仅在外观上变得美观，而且冷凝器也不至于长期暴露在空气中受到腐蚀，但这种冷凝器不便于维修。

老型号的电冰箱几乎都采用外露式冷凝器，即冷凝器直接安装在电冰箱背部箱体上。

 特别提醒

一些大型电冰箱多采用风冷式冷凝器，它是由纯铜管和翅片组成的。纯铜管焊接在翅片里，与翅片一起制成长方体后再安装在箱壁内，这种冷凝器一般还需要配置风扇一起进行散热。

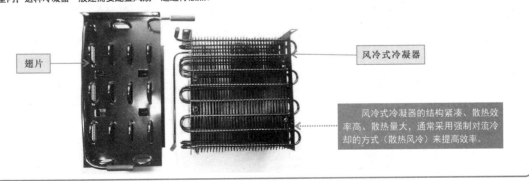

翅片

风冷式冷凝器

风冷式冷凝器的结构紧凑、散热效率高、散热量大，通常采用强制对流冷却的方式（散热风冷）来提高效率。

冷凝器又叫作散热器，它的进气口管路与压缩机排气口相连，经压缩机处理的高温高压的制冷剂气体从进气口送入冷凝器，经过冷凝器冷却处理变成液态的制冷剂。冷凝器的出气口管路与干燥过滤器相连，经过干燥过滤器过滤、毛细管节流降压后送入蒸发器中。

冷凝器的作用是将经压缩机处理后的高温高压制冷剂气体，通过向周围的空气中散热，使之冷却液化成液态，以实现热交换。

【冷凝器的功能】

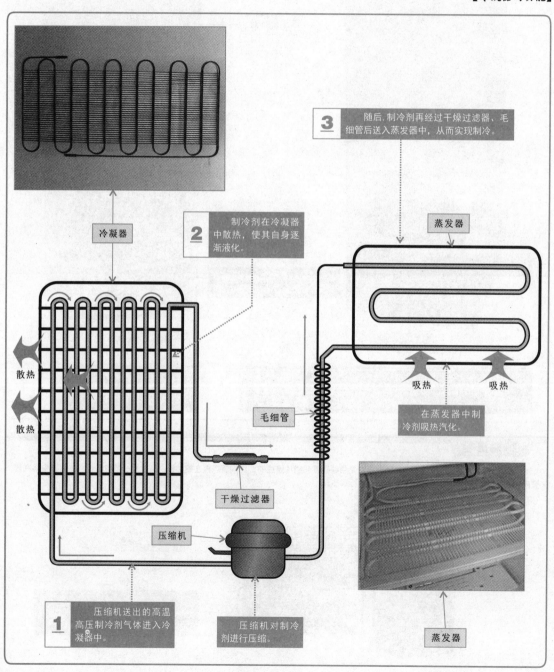

7.2 电冰箱蒸发器和冷凝器的检查与代换

 1. 蒸发器的检查

蒸发器最常见的故障是堵塞或泄漏。为了确定蒸发器是否出现故障，可通过对蒸发器及其管路的各连接部分进行检查来判断。检查过程请参看下面的图解演示。

【蒸发器的检查】

若发现蒸发器结霜不均匀，说明蒸发器存在堵塞的情况。

对于蒸发器堵塞的检查，可将电冰箱起动，待压缩机运行一段时间后，观察蒸发器结霜情况。

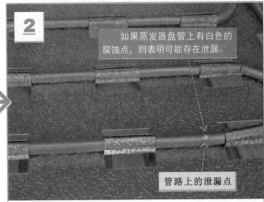

如果蒸发器盘管上有白色的腐蚀点，则表明可能存在泄漏。

管路上的泄漏点

对于蒸发器泄漏的检查，首先应查看蒸发器盘管上是否有白色腐蚀点或孔洞。

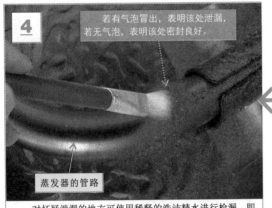

若有气泡冒出，表明该处泄漏，若无气泡，表明该处密封良好。

蒸发器的管路

对怀疑泄漏的地方可使用稀释的洗洁精水进行检漏，即将调成泡沫状的洗洁精水涂在怀疑的地方。

通常蒸发器管路的材料与制冷管路的材料不同。

同时还应检查蒸发器管路的接口部位，两种不同材料的管路焊接在一起，可能会因氧化腐蚀而泄漏。

特别提醒

导致电冰箱中蒸发器泄漏的原因：制造蒸发器的材料质量存在缺陷；电冰箱长期被含有碱性成分的物品侵蚀而造成泄漏；由于除霜不当或被异物碰撞而造成蒸发器的泄漏。

导致蒸发器堵塞的原因：外力造成蒸发器制冷盘管变形而使制冷剂无法正常顺畅地流通，从而造成堵塞；冷冻机油残留在蒸发器盘管内。

2. 蒸发器的代换

若经上述检查发现蒸发器有严重泄漏或堵塞，并无法修复，则需要对蒸发器进行更换，以保证电冰箱的正常运行。操作过程请参看下面的图解演示。

更换时，需要根据损坏蒸发器的管路直径、整体大小选择适合的新蒸发器进行代换。

新蒸发器与原蒸发器使用管路直径相同，体积大小相似，管路排列方式基本相同。

新的蒸发器　损坏的蒸发器

将蒸发器从冷冻室中取出。注意：取出时不要用力过猛，因为此阶段的蒸发器管路还与冷藏室的制冷管路相连。

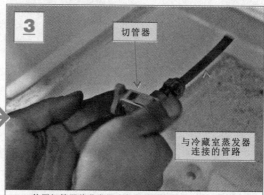

切管器　与冷藏室蒸发器连接的管路

使用切管器将蒸发器出气口连接的管路割开。若操作环境方便，也可以拧开纳子连接处并进行分离。

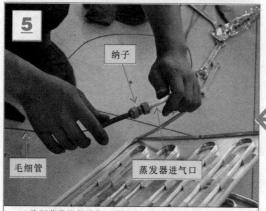

纳子　毛细管　蒸发器进气口

将新蒸发器的进气口通过纳子与原接有毛细管的铜管进行连接。

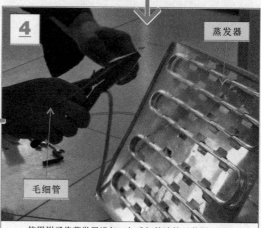

蒸发器　毛细管

使用钳子将蒸发器进气口与毛细管连接处剪断。

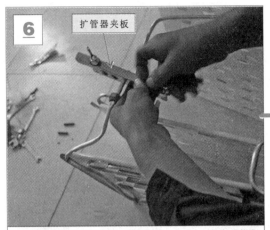

6

扩管器夹板

将扩管器夹板固定在新蒸发器的出气口上，准备对其进行扩喇叭口操作。

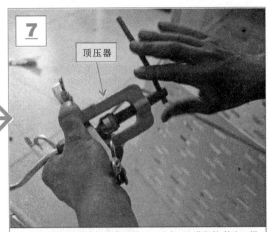

7

顶压器

将顶压器对准新蒸发器管口（出气口）进行扩喇叭口操作，以便通过纳子与冷藏室蒸发器进行连接。

10

代换好的蒸发器

冷冻室新蒸发器两个端口均连接完成后，适当调整其在箱体中的位置，至此冷冻室蒸发器代换完成。

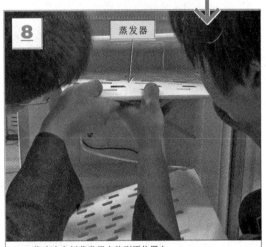

8

蒸发器

将冷冻室新蒸发器安装到原位置上。

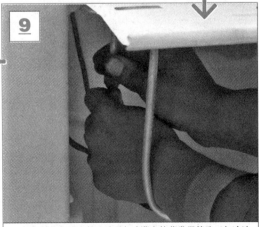

9

将新蒸发器出气口纳子与冷藏室的蒸发器管路（与冷冻室蒸发器连接的管路）进行连接。

特别提醒

通常情况下，蒸发器管路与电冰箱制冷管路之间都是通过纳子进行连接的。

1.冷凝器的检查

冷凝器的故障主要表现为泄漏或阻塞。通常，冷凝器的管口焊接处是最容易出现泄漏问题的，若怀疑冷凝器泄漏，应重点对焊接部位进行检查。检查过程请参看下面的图解演示。

【冷凝器的检查】

检查冷凝器出气口与干燥过滤器的入口连接处是否有泄漏的现象。

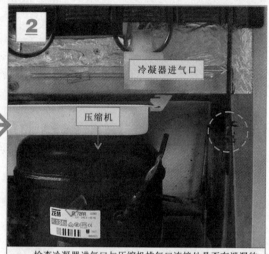

检查冷凝器进气口与压缩机排气口连接处是否有泄漏的现象。

用刷子将洗洁精水涂抹在冷凝器进气口与压缩机排气口焊接处。

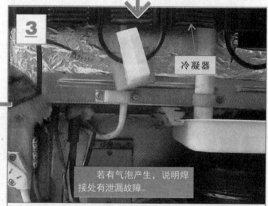

用刷子将洗洁精水涂抹在冷凝器出气口与干燥过滤器的入口焊接处。

特别提醒

冷凝器是电冰箱最主要的散热部件，若冷凝器损坏，将导致电冰箱散热不良、不制冷或制冷不正常的故障。在电冰箱使用过程中，导致冷凝器故障的原因如下：电冰箱位置放置不当，如离墙面过近，周围环境温度过高等情况，都会使冷凝器的传热性能受到影响；长时间不清洁冷凝器，使得冷凝器上外壁沾满了厚厚的灰尘或污垢，电冰箱的制冷性能也会受到很大的影响。

如果是内藏式冷凝器发生泄漏或堵塞故障，很难进行检修或代换，通常采用的方法是将原内藏式冷凝器废弃，在该电冰箱背部另外安装一个新的外露式冷凝器。

2. 冷凝器的代换

目前，新型电冰箱多采用内置式冷凝器，这种冷凝器发生堵塞或泄漏会给维修带来极大的困难。在日常维修中，最有效、最快捷且最经济的维修方法是在电冰箱背部加装一个外露式冷凝器，将原来电冰箱自带的内藏式冷凝器弃之不用。

【冷凝器代换的方案】

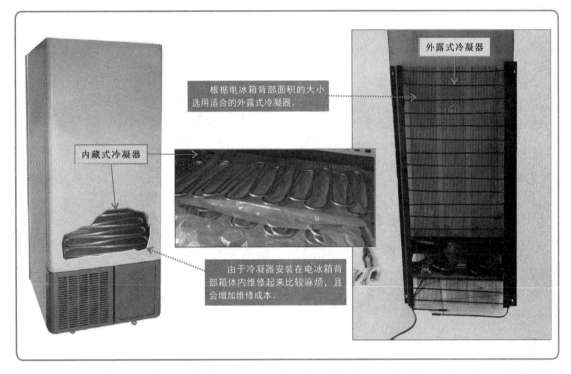

外露式冷凝器

根据电冰箱背部面积的大小选用适合的外露式冷凝器。

内藏式冷凝器

由于冷凝器安装在电冰箱背部箱体内维修起来比较麻烦，且会增加维修成本。

若经检查发现内藏冷凝器堵塞严重，无法进行维修或有效清除内部污物，则需要废除内藏冷凝器，而安装连接外露式冷凝器。操作过程请参看下面的图解演示。

【冷凝器的代换】

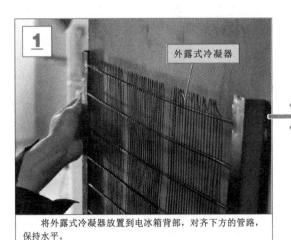

1 外露式冷凝器

将外露式冷凝器放置到电冰箱背部，对齐下方的管路，保持水平。

2 通常外露式冷凝器需要用四颗螺钉进行固定，左右各有两个固定点。

使用螺钉旋具拧紧冷凝器四周的螺钉，使冷凝器固定到电冰箱的背部。

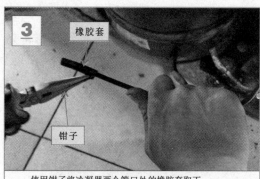

3 橡胶套

钳子

使用钳子将冷凝器两个管口处的橡胶套取下。

4 内藏式
冷凝器管路

使用焊枪对压缩机与冷凝器管路的焊接处加热一段时间
后，再用钳子用力拉拽内藏式冷凝器的管路，使管路分离。

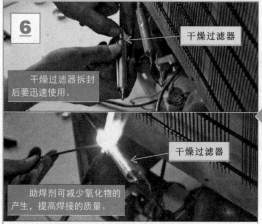

6 干燥过滤器

干燥过滤器拆封
后要迅速使用。

干燥过滤器

助焊剂可减少氧化物的
产生，提高焊接的质量。

加热后的焊条蘸取少量助焊剂，再使用焊枪对干燥过滤
器与冷凝器的连接部位进行焊接，注意焊接时间不要过长。

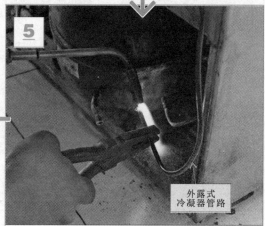

5 外露式
冷凝器管路

用钳子夹住外露式冷凝器的管路，将其与压缩机排气口
对齐，用焊枪对压缩机与冷凝器管路的连接部位进行焊接。

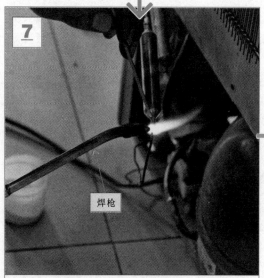

7 焊枪

将与原干燥过滤器连接的毛细管插入新干燥过滤器中。使
用焊枪和焊条对连接部位进行焊接。

8 安装、焊接完成后
的外露式冷凝器。

待焊接完成，冷凝器代换完毕。

第8章

电冰箱毛细管和干燥过滤器的检修方法

8.1 电冰箱毛细管和干燥过滤器的结构和功能

▶ 8.1.1 电冰箱毛细管的结构和功能 ≫

 1. 毛细管的结构

毛细管在电冰箱制冷管路中是实现节流、降压的部件，其外形是一段又细又长的铜管，通常安装于蒸发器与电磁阀之间。由于一些老式电冰箱不带电磁阀，毛细管通常位于蒸发器与干燥过滤器之间。

【毛细管的安装位置及结构】

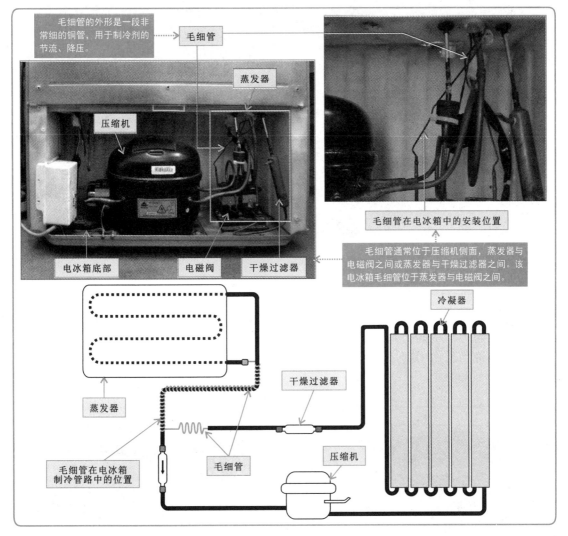

毛细管的外形是一段非常细的铜管，用于制冷剂的节流、降压。

毛细管

蒸发器

压缩机

电冰箱底部　　电磁阀　　干燥过滤器

毛细管在电冰箱中的安装位置

毛细管通常位于压缩机侧面，蒸发器与电磁阀之间或蒸发器与干燥过滤器之间。该电冰箱毛细管位于蒸发器与电磁阀之间。

冷凝器

蒸发器

毛细管在电冰箱制冷管路中的位置

干燥过滤器

毛细管

压缩机

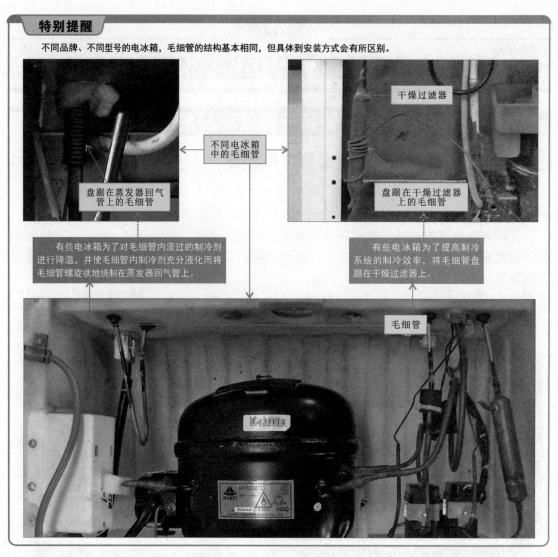

特别提醒

不同品牌、不同型号的电冰箱，毛细管的结构基本相同，但具体到安装方式会有所区别。

干燥过滤器

不同电冰箱中的毛细管

盘踞在蒸发器回气管上的毛细管

盘踞在干燥过滤器上的毛细管

有些电冰箱为了对毛细管内流过的制冷剂进行降温，并使毛细管内制冷剂充分液化而将毛细管螺旋状地绕制在蒸发器回气管上。

有些电冰箱为了提高制冷系统的制冷效率，将毛细管盘踞在干燥过滤器上。

毛细管

 2. 毛细管的功能

　　毛细管的外形十分细长，因此当液态制冷剂流入毛细管时，会增大制冷剂在制冷管路中流动的阻力，从而起到降低制冷剂的压力、限制制冷剂流量的作用。当电冰箱停止运转后，毛细管可均衡制冷管路中的压力，使高压管路和低压管路趋于平衡状态，便于下次起动。

【毛细管的功能示意图】

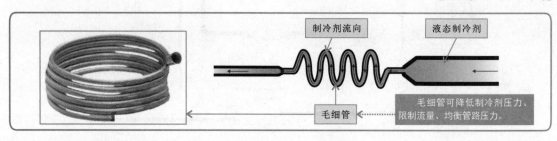

制冷剂流向　　液态制冷剂

毛细管

毛细管可降低制冷剂压力、限制流量、均衡管路压力。

1. 干燥过滤器的结构

干燥过滤器是电冰箱制冷管路中的过滤器件，是一个类似于圆柱形的铜管，通常安装于压缩机的附近，接在冷凝器与电磁阀之间。由于一些老式电冰箱不带有电磁阀，干燥过滤器通常位于冷凝器与毛细管之间。

【干燥过滤器的安装位置】

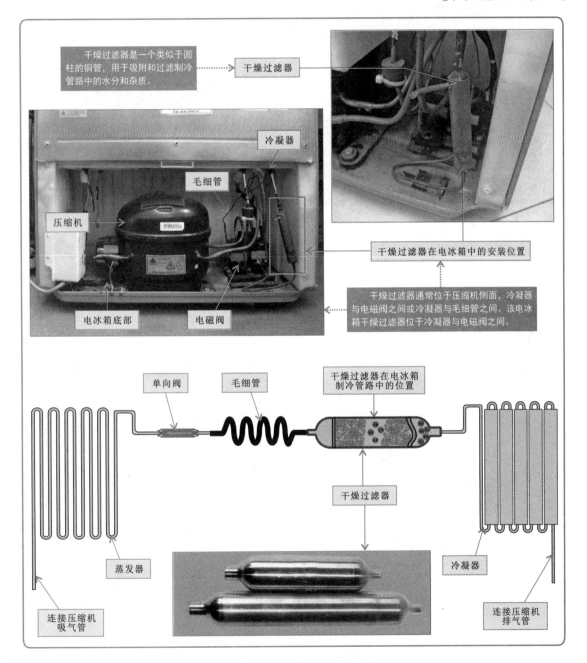

干燥过滤器是一个类似于圆柱的铜管，用于吸附和过滤制冷管路中的水分和杂质。

干燥过滤器

冷凝器

毛细管

压缩机

电冰箱底部　　电磁阀

干燥过滤器在电冰箱中的安装位置

干燥过滤器通常位于压缩机侧面，冷凝器与电磁阀之间或冷凝器与毛细管之间。该电冰箱干燥过滤器位于冷凝器与电磁阀之间。

单向阀　　毛细管　　干燥过滤器在电冰箱制冷管路中的位置

蒸发器

干燥过滤器

冷凝器

连接压缩机吸气管

连接压缩机排气管

不同品牌、不同型号的电冰箱，干燥过滤器的结构也有所不同，电冰箱中常见的干燥过滤器主要为单入口单出口干燥过滤器，而有些电冰箱中采用带有工艺管口的干燥过滤器。

【干燥过滤器的结构】

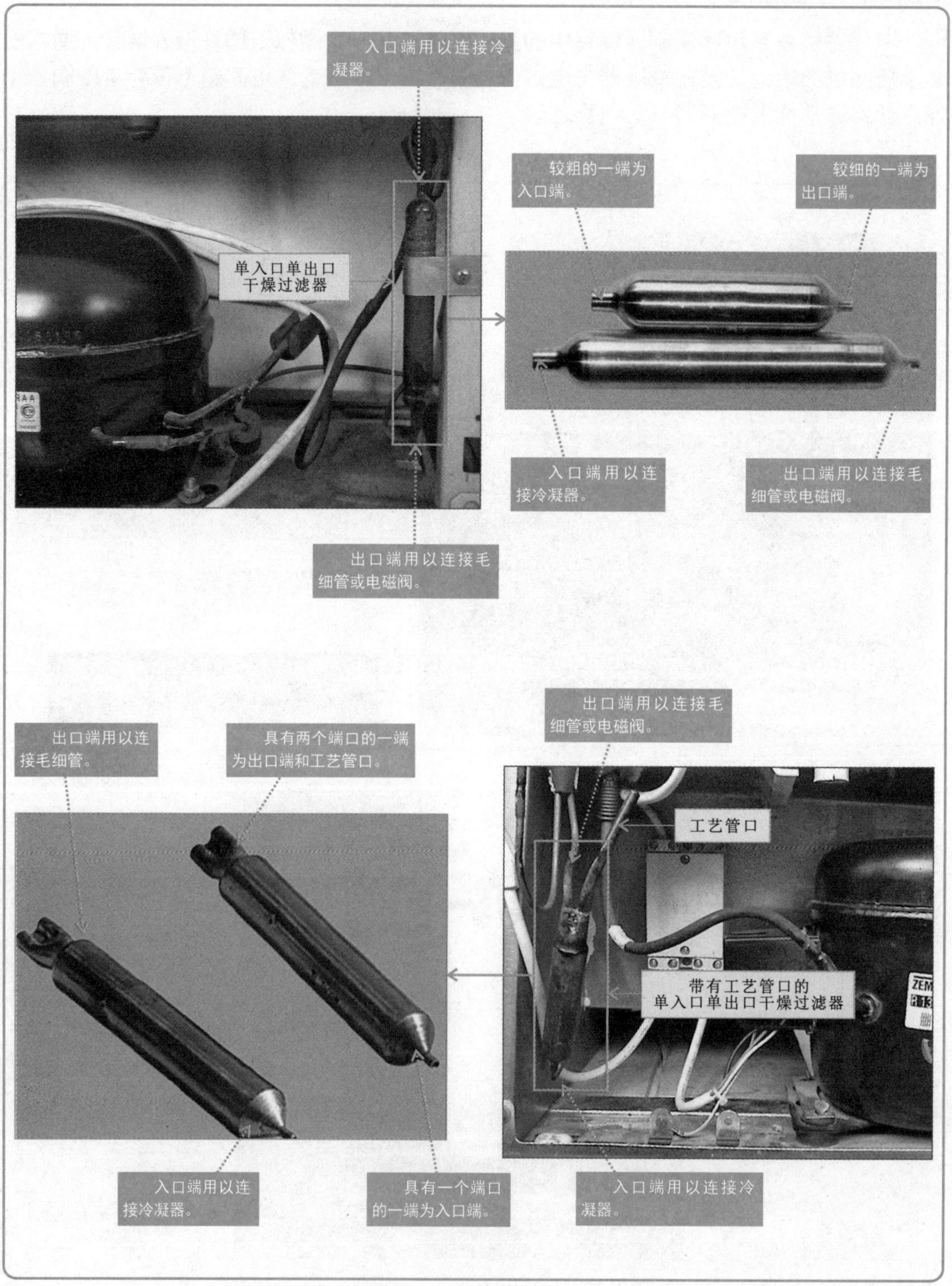
入口端用以连接冷凝器。
单入口单出口干燥过滤器
较粗的一端为入口端。
较细的一端为出口端。
入口端用以连接冷凝器。
出口端用以连接毛细管或电磁阀。
出口端用以连接毛细管或电磁阀。
出口端用以连接毛细管。
具有两个端口的一端为出口端和工艺管口。
出口端用以连接毛细管或电磁阀。
工艺管口
带有工艺管口的单入口单出口干燥过滤器
入口端用以连接冷凝器。
具有一个端口的一端为入口端。
入口端用以连接冷凝器。

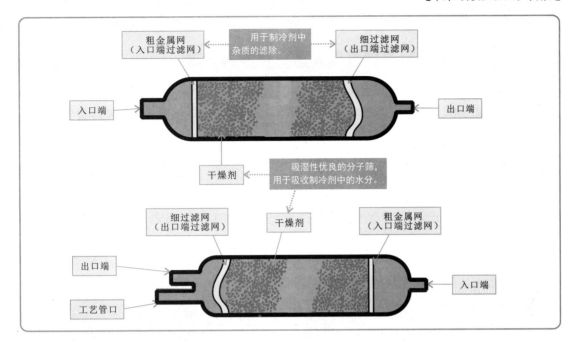

电冰箱干燥过滤器中的干燥剂及分子筛又称为人工合成泡沸石，是一种具有晶体结构的硅铝酸盐，呈白色粉末状，不溶于水。在干燥过滤器中用粘合剂将分子筛塑合成小球形状，并具有均匀的结晶空隙。当制冷剂液体从中通过时，由于制冷剂分子的直径大于水分子的直径，分子筛就可以将水分子"筛选"出来。

 2. 干燥过滤器的功能

干燥过滤器是电冰箱制冷管路中的过滤器件，主要用于吸附和过滤制冷管路中的水分和杂质，可防止毛细管出现脏堵或冰堵的故障，同时也可减小杂质对制冷管路的腐蚀。

【干燥过滤器的功能示意图】

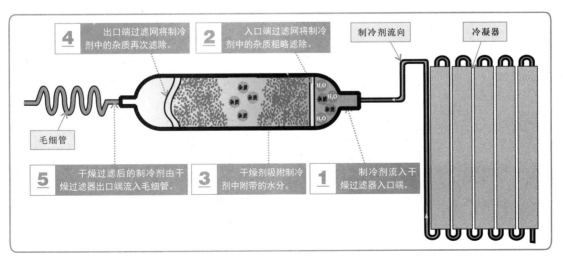

8.2 毛细管和干燥过滤器的检查、拆卸与代换

▶ 8.2.1 电冰箱毛细管的检查、拆卸与代换

毛细管出现的大部分故障都是由堵塞引起的。当毛细管发生堵塞时，冷凝器下部会聚集大量的制冷剂，导致流进蒸发器内的制冷剂减少，从而造成电冰箱制冷异常或不制冷的故障。

1. 毛细管的检查

毛细管的堵塞可分为脏堵和冰堵两种情况。具体实物检修方法请参看下面的图解演示。

【毛细管的检查】

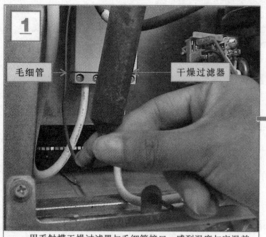

用手触摸干燥过滤器与毛细管接口，感到温度与室温差不多或略低于室温，说明毛细管出现脏堵故障。

断开干燥过滤器与毛细管接口，若有大量制冷剂喷出，说明毛细管出现脏堵故障。

用木槌轻轻敲打加热部位，以排除毛细管的冰堵故障。

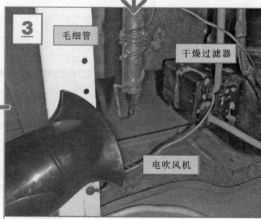

当毛细管出现冰堵时，使用电吹风机对干燥过滤器与毛细管接口处加热3～5min。

当毛细管出现冰堵时，电冰箱蒸发器会出现反复化霜、结霜的现象，该现象一般是发生在压缩机工作后的一段时间内。

若因制冷剂或冷冻机油中含有水分造成的冰堵故障，就必须更换制冷剂或冷冻机油。

更换制冷剂时，应先将电冰箱中的制冷剂排放干净，然后根据电冰箱铭牌标识来充注制冷剂，即可排除故障。

更换冷冻机油时，应先将电冰箱中的冷冻机油排放干净，然后在添加新的冷冻机油之前，使用干燥、洁净的铁盆将冷冻机油加热来蒸发掉冷冻机油中的水分，然后再进行更换，否则依旧会出现由冷冻机油所引起的冰堵现象。

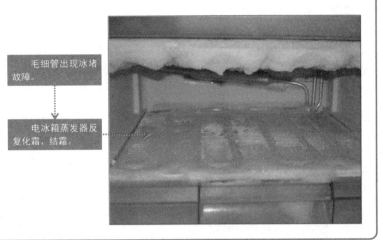

毛细管出现冰堵故障。

电冰箱蒸发器反复化霜、结霜。

 2. 毛细管的拆卸

毛细管安装在干燥过滤器与蒸发器之间，对毛细管进行更换时，应先将毛细管与干燥过滤器和蒸发器管路的接口处焊开，拆卸堵塞的毛细管。具体拆卸方法请参看下面的图解演示。

【毛细管的拆卸】

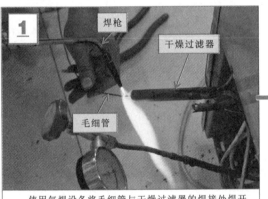

焊枪
干燥过滤器
毛细管

使用气焊设备将毛细管与干燥过滤器的焊接处焊开。

因为该蒸发器管路还与冷藏室的管路相连，所以在取出蒸发器的过程中不要用力。

蒸发器

将与毛细管相连的蒸发器从冷冻室中取出。

蒸发器
毛细管

使用钳子将毛细管与蒸发器连接处剪断。

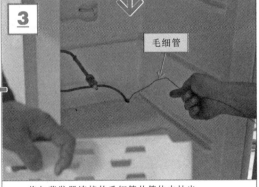

毛细管

将与蒸发器连接的毛细管从箱体中抽出。

3. 毛细管的代换

更换毛细管时，选择与原毛细管尺寸相同的毛细管，按原毛细管的安装方式装回电冰箱中，然后将新毛细管的两端分别与干燥过滤器和蒸发器的管路接口进行焊接，从而完成毛细管的代换。具体代换方法请参看下面的图解演示。

【毛细管的代换】

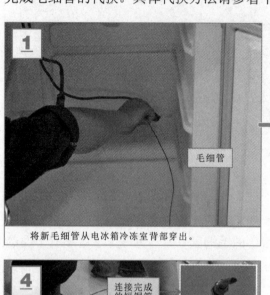

将新毛细管从电冰箱冷冻室背部穿出。

将穿出的毛细管与干燥过滤器进行焊接。

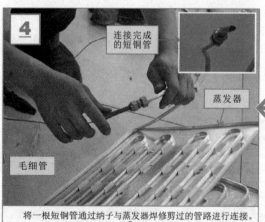

将一根短铜管通过纳子与蒸发器焊修剪过的管路进行连接。

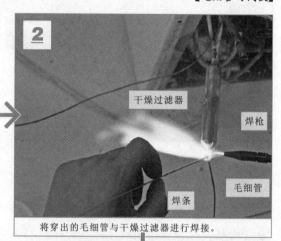

使用切管器将蒸发器的管口修剪平整。

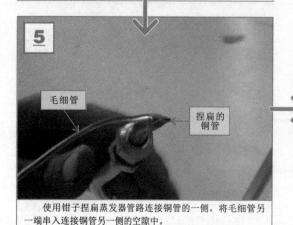

使用钳子捏扁蒸发器管路连接铜管的一侧，将毛细管另一端串入连接铜管另一侧的空隙中。

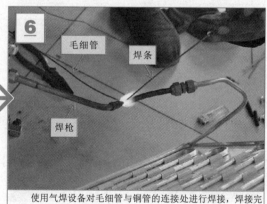

使用气焊设备对毛细管与铜管的连接处进行焊接，焊接完成后将毛细管和蒸发器装回电冰箱中，完成毛细管的代换。

干燥过滤器出现故障的现象与毛细管相同，其大部分故障也是由堵塞引起的，当干燥过滤器发生堵塞时，也会造成电冰箱制冷异常或不制冷故障。

 1. 干燥过滤器的检查

当怀疑干燥过滤器出现堵塞故障时，可通过检查冷凝器的温度、倾听蒸发器和压缩机的运行声音、观察干燥过滤器的结霜等方法进行判断。具体实物检查方法请参看下面的图解演示。

【干燥过滤器的检查】

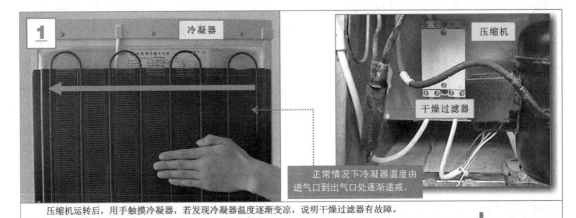

压缩机运转后，用手触摸冷凝器，若发现冷凝器温度逐渐变凉，说明干燥过滤器有故障。

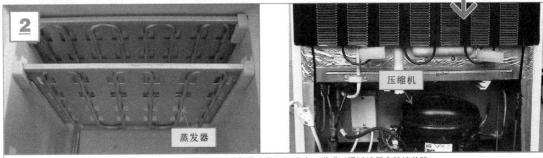

倾听蒸发器和压缩机运行时的声音，若只能听见压缩机发出的沉闷噪声，说明干燥过滤器有脏堵故障。

观察干燥过滤器表面是否有结霜，若干燥过滤器表面有结霜情况，说明干燥过滤器有冰堵故障。

2. 干燥过滤器的拆卸

　　干燥过滤器安装在毛细管与冷凝器之间，对干燥过滤器进行更换时，应先将干燥过滤器与毛细管和冷凝器管路的接口处焊开，拆下干燥过滤器。具体拆卸方法请参看下面的图解演示。

【干燥过滤器的拆卸】

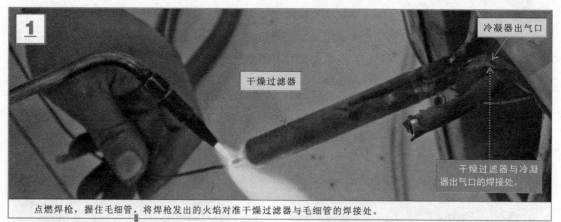

干燥过滤器

冷凝器出气口

干燥过滤器与冷凝器出气口的焊接处。

点燃焊枪，握住毛细管，将焊枪发出的火焰对准干燥过滤器与毛细管的焊接处。

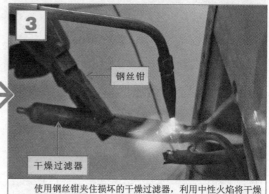

干燥过滤器

毛细管

利用中性火焰将干燥过滤器与毛细管分离。

钢丝钳

干燥过滤器

使用钢丝钳夹住损坏的干燥过滤器，利用中性火焰将干燥过滤器与冷凝器分离。

 3. 干燥过滤器的代换

　　更换干燥过滤器时，将新干燥过滤器的两端分别与毛细管和冷凝器的管路接口进行焊接，完成干燥过滤器的代换。具体代换方法请参看下面的图解演示。

【干燥过滤器的代换】

选择与原干燥过滤器类型、大小相同的干燥过滤器。

　　由于干燥过滤器功能的特殊性，干燥过滤器一般都封装在密闭良好的包装袋内，一旦打开就要马上使用，否则干燥过滤器就会失效。

2

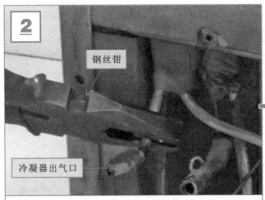

钢丝钳

冷凝器出气口

夹住冷凝器出气口管路部分稍弯曲以便干燥过滤器的安装。

3

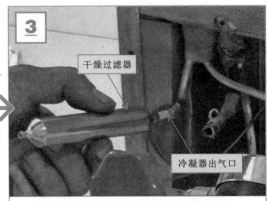

干燥过滤器

冷凝器出气口

将干燥过滤器的入口端与冷凝器出气口管路对插。

4

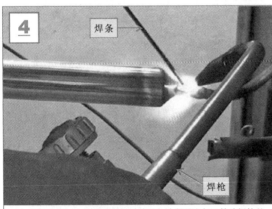

焊条

焊枪

点燃焊枪，火焰对准干燥过滤器与冷凝器出气口管路焊接处，当焊接处被加热至暗红色时，将焊条放置到焊口处。

熔化的焊料均匀地包围在焊接口处，从而完成干燥过滤器与冷凝器出气口的焊接。

5

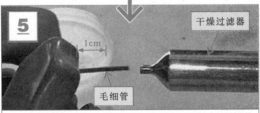

干燥过滤器

1cm

毛细管

将毛细管插入到干燥过滤器的出口端，插入时不要触碰到干燥过滤器的过滤网，一般插入深度为1cm左右。

特别提醒

　　代换干燥过滤器是电冰箱维修中最普通的维修操作，通常只要对制冷管路进行维修后（管路任意部分被切开过），都需要更换干燥过滤器。

　　在对损坏的干燥过滤器拆卸后，要对冷凝器和毛细管的管口进行切割处理，确保连接管口平整光滑，方可再安装焊接新的干燥过滤器，否则极易造成管路堵塞。

　　另外，在拆装过程之中，尽量使用钳子辅助拿取、拆卸，避免用手直接接触而造成烫伤事故。

6

干燥过滤器

焊枪

焊条

毛细管

焊枪发出的火焰对准干燥过滤器与毛细管的连接处，当焊接处被加热至暗红色时，将焊条放置到焊口处 。

熔化的焊料均匀地包围在焊接口处，从而完成干燥过滤器与毛细管的焊接。

第9章
电冰箱温度控制装置的检修方法

9.1 电冰箱温度控制装置的结构和功能

电冰箱中的温度控制装置主要用来对电冰箱箱室内的制冷温度进行调节和控制，电冰箱制冷时室内的温度高低都与控制装置相关。根据电冰箱温度控制装置控制方式的不同，可将温度控制装置分为机械式温度控制装置和微电脑式温度控制装置两种。下面对两种温度控制装置的结构进行介绍。

9.1.1 电冰箱温度控制装置的结构

1. 机械式温度控制装置的结构

一般来说，机械式温度控制装置的核心部分是控制部分和感温部分，控制部分是指温度控制器和温度补偿开关，感温部分是指温度传感器。在电冰箱箱室内找到温度控制装置之后，就需要对温度控制装置结构进行深入地了解，掌握机械式温度控制装置中各组成部件的功能特点和相互关系。

温度控制装置主要是由温度控制器、温度补偿开关等组成的。

【机械式温度控制装置】

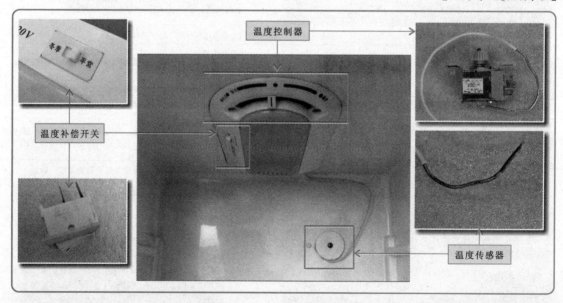

温度控制器是用来对电冰箱箱体内的制冷温度进行调节控制的器件，可根据箱室内的温度来控制压缩机的供电，温度高于设定值接通压缩机的供电，温度低于设定值则切断压缩机的供电，一般安装在电冰箱的冷藏室内。温度控制器主要由调节装置（温度控制器主体）、调节旋钮、温度传感器（感温管和感温头）等构成。

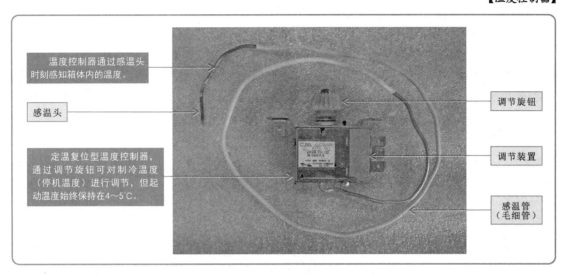

温度控制器通过感温头时刻感知箱体内的温度。

感温头

定温复位型温度控制器，通过调节旋钮可对制冷温度（停机温度）进行调节，但起动温度始终保持在4～5℃。

调节旋钮

调节装置

感温管（毛细管）

　　温度补偿开关是用来对电冰箱制冷工作进行补偿调节的电气部件，一般安装在电冰箱冷藏室的控制盒内。

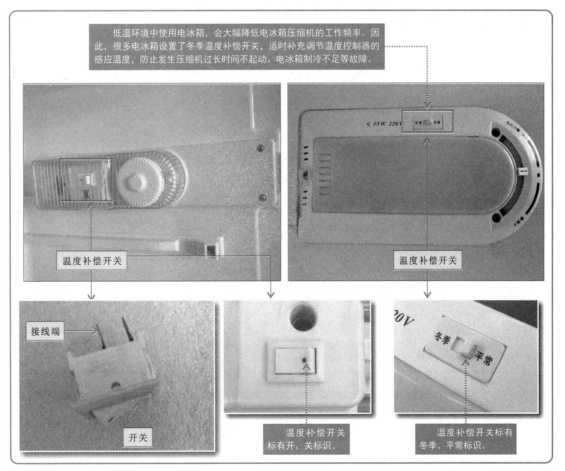

低温环境中使用电冰箱，会大幅降低电冰箱压缩机的工作频率。因此，很多电冰箱设置了冬季温度补偿开关，适时补充调节温度控制器的感应温度，防止发生压缩机过长时间不起动、电冰箱制冷不足等故障。

温度补偿开关

温度补偿开关

接线端

开关

温度补偿开关标有开、关标识。

温度补偿开关标有冬季、平常标识。

2. 微电脑式温度控制装置的结构

　　一般来说，微电脑式温度控制装置主要是由控制部分和感温部分组成的，其中控制部分是指控制电路板，感温部分是指温度传感器。微电脑根据检测到的箱内温度对压缩机进行控制，在电冰箱箱室中找到温度控制装置之后，就需要对温度控制装置结构进行深入的了解，掌握微电脑式温度控制装置中各组成部件的功能特点和相互关系。

　　微电脑式温度控制装置主要是由主电路板、温度传感器等组成的。

【微电脑式温度控制装置】

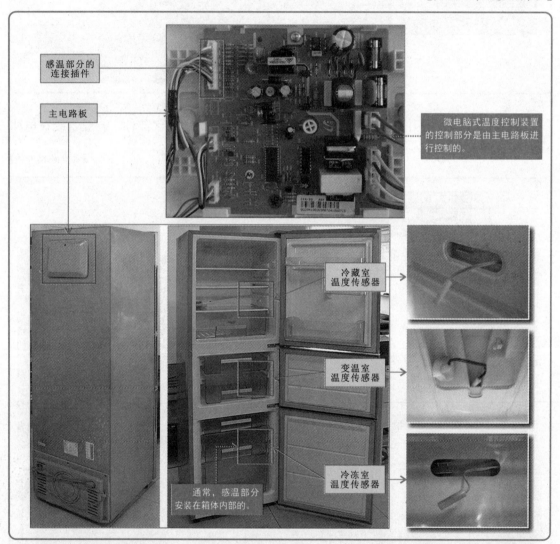

感温部分的
连接插件

主电路板

微电脑式温度控制装置的控制部分是由主电路板进行控制的。

冷藏室
温度传感器

变温室
温度传感器

冷冻室
温度传感器

通常，感温部分
安装在箱体内部的。

特别提醒

　　温度传感器所使用的热敏电阻，可分为正温度系数热敏电阻和负温度系数热敏电阻。其中，正温度系数热敏电阻的温度升高时，其阻值也会升高，温度降低时，其阻值也会降低。负温度系数热敏电阻正好与其相反，当其温度升高时，阻值便会降低，当温度降低时，阻值便会升高。

9.1.2 电冰箱温度控制装置的功能

 1. 机械式温度控制装置的功能

机械式温度控制装置是指通过温度控制器对电冰箱箱室内的制冷温度进行调节控制的装置。温度控制器主要是由调节装置（温度控制器主体）、温度传感器（感温管和感温头）构成的。温度控制器的调节装置用来设定电冰箱箱室内的制冷温度。感温头是温度控制器的温度检测部件，它通过感温管与温度控制器相连。

【机械式温度控制装置的功能示意图】

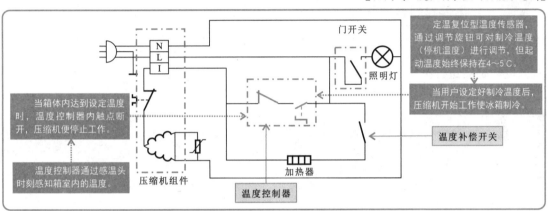

 2. 微电脑式温度控制装置的功能

微电脑式温度控制装置是指通过主电路板对电冰箱箱室内的温度进行调节控制的装置。该电路主要由温度传感器、微处理器以及外围电子元器件构成。

【微电脑式温度控制装置的功能示意图】

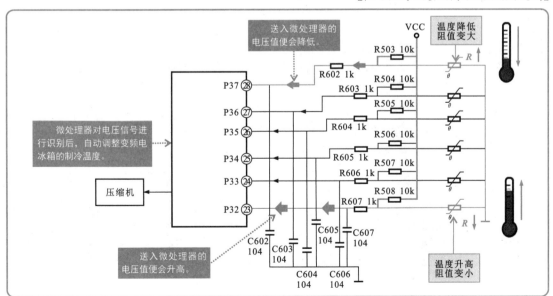

机械式温度控制装置出现故障后，电冰箱制冷将出现异常现象。若怀疑机械式温度控制装置出现问题，首先需要将机械式温度控制装置从电冰箱箱体内拆下，然后便可对其进行检测，一旦发现故障，就需要寻找可替代的部件进行代换。

▶ **9.2.1 温度控制器的拆卸、检测与代换**

 1. 温度控制器的拆卸

由于温度控制器安装在控制盒内，所以要先对控制盒进行拆卸，拆下控制盒后，再对温度控制器进行拆卸。

【温度控制器的拆卸】

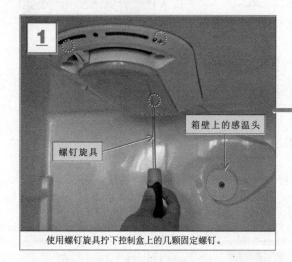

使用螺钉旋具拧下控制盒上的几颗固定螺钉。

使用螺钉旋具拧下感温头的固定螺钉。

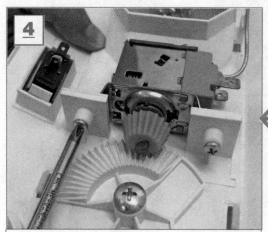

使用螺钉旋具拧下温度控制器的两颗固定螺钉，取下温度控制器。

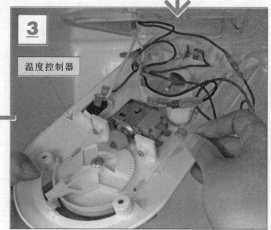

取下控制盒，拔下温度控制器与其他部件的连接线缆，将控制盒与电冰箱分离。

拆下温度控制器后，对温度控制器进行检测，先对感温头、感温管进行检查，再使用万用表对温度控制器不同状态下的阻值进行检测，可判断温度控制器是否出现故障。

【温度控制器的检测】

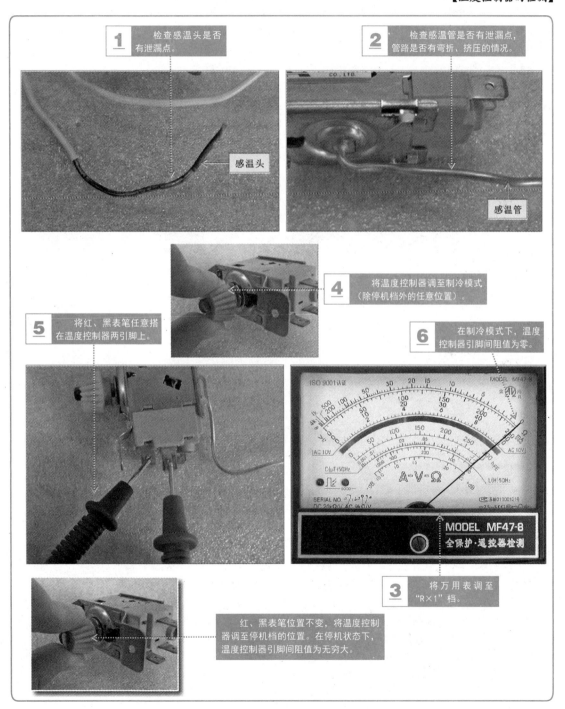

1 检查感温头是否有泄漏点。

感温头

2 检查感温管是否有泄漏点，管路是否有弯折、挤压的情况。

感温管

4 将温度控制器调至制冷模式（除停机档外的任意位置）。

5 将红、黑表笔任意搭在温度控制器两引脚上。

6 在制冷模式下，温度控制器引脚间阻值为零。

3 将万用表调至"R×1"档。

红、黑表笔位置不变，将温度控制器调至停机档的位置。在停机状态下，温度控制器引脚间阻值为无穷大。

若温度控制器损坏，就需要根据所损坏温度控制器的类型、型号、大小等规格参数选择适合的器件进行代换。将新温度控制器安装到护盖内，由于固定方式不同，需要使用线缆进行调整。

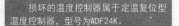

损坏的温度控制器属于定温复位型温度控制器，型号为WDF24K。

损坏的温度控制器采用齿轮传动的方式来调节旋钮，并使用螺钉进行固定。

选用的温度控制器也属于定温复位型温度控制器，型号为WDF24K，大小基本相同。

对新温度控制器进行安装时，要根据需要对温度控制器的传动方式和固定方式进行改造。

1

使用一字槽螺钉旋具撬下原温度控制器上的齿轮，将齿轮内部凹槽与新温度控制器的旋杆对齐。

2

将齿轮安装在新温度控制器上，然后将新代换的温度控制器重新放入控制盒中，并将线缆穿过两侧的螺钉孔。

4

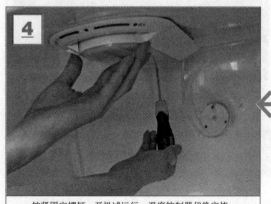

拧紧固定螺钉，开机试运行，温度控制器代换完毕。

3

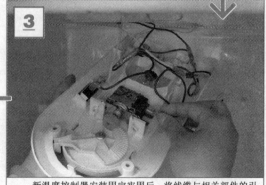

新温度控制器安装固定牢固后，将线缆与相关部件的引线重新连接好。

1. 温度补偿开关的拆卸

由于温度补偿开关固定在控制盒内，所以要先对控制盒进行拆卸。拆下控制盒后，再对温度补偿开关进行拆卸。

【温度补偿开关的拆卸】

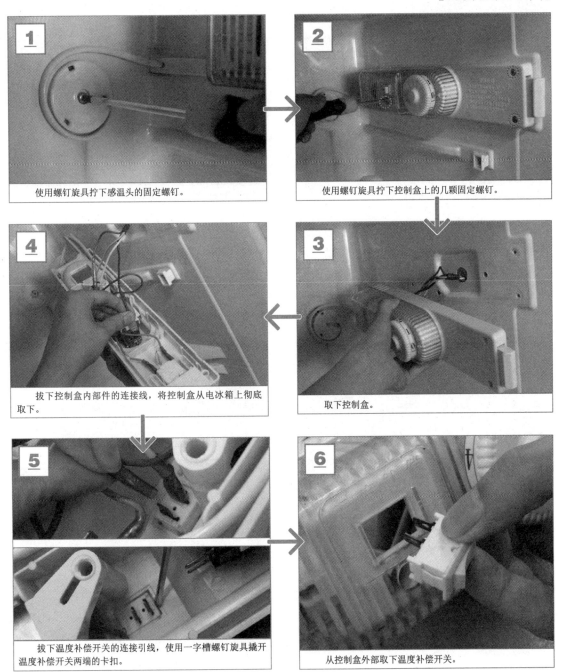

1 使用螺钉旋具拧下感温头的固定螺钉。

2 使用螺钉旋具拧下控制盒上的几颗固定螺钉。

3 取下控制盒。

4 拔下控制盒内部件的连接线，将控制盒从电冰箱上彻底取下。

5 拔下温度补偿开关的连接引线，使用一字槽螺钉旋具撬开温度补偿开关两端的卡扣。

6 从控制盒外部取下温度补偿开关。

温度补偿开关出现故障后，电冰箱可能会出现冬季制冷量较小的现象。若怀疑温度补偿开关损坏，就需要按照下图步骤对温度补偿开关进行检测。

【温度补偿开关的检测】

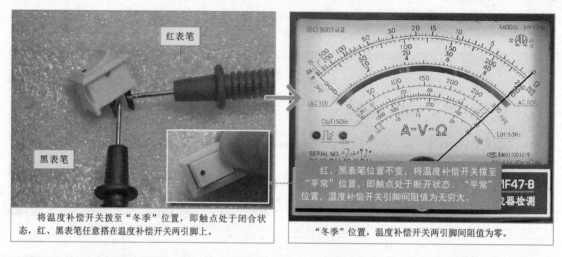

红表笔

黑表笔

将温度补偿开关拨至"冬季"位置，即触点处于闭合状态，红、黑表笔任意搭在温度补偿开关两引脚上。

红、黑表笔位置不变，将温度补偿开关拨至"平常"位置，即触点处于断开状态。"平常"位置，温度补偿开关引脚间阻值为无穷大。

"冬季"位置，温度补偿开关两引脚间阻值为零。

　　若温度补偿开关损坏，就需要根据损坏的温度补偿开关的外形选择适合的开关进行代换。将新开关装入控制盒中，插接好连接线后，再将控制盒装到电冰箱中。

【温度补偿开关的代换】

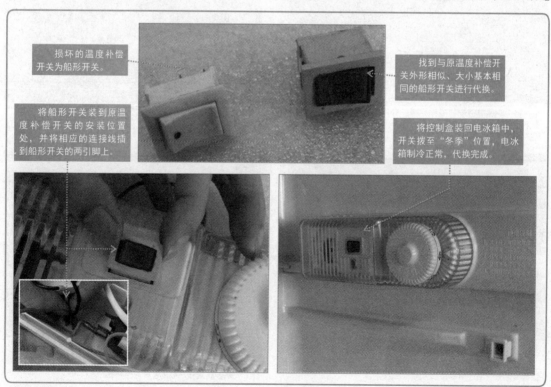

损坏的温度补偿开关为船形开关。

将船形开关装到原温度补偿开关的安装位置处，并将相应的连接线插到船形开关的两引脚上。

找到与原温度补偿开关外形相似、大小基本相同的船形开关进行代换。

将控制盒装回电冰箱中，开关拨至"冬季"位置，电冰箱制冷正常，代换完成。

微电脑式温度控制装置出现故障后，也会引起电冰箱制冷出现异常现象。若怀疑微电脑式温度控制装置出现问题，应对温度传感器进行检测。检测温度传感器时，可通过检测温度传感器与控制电路的连接插件判断其好坏。一旦发现故障，应将其从电冰箱箱室内拆下，然后寻找可替代的部件进行代换。

▶ 9.3.1 温度传感器的检测

对于温度传感器的检测，可使用万用表测量温度传感器在不同温度下的阻值，然后将万用表测量的实测值与正常值进行比较，即可完成对温度传感器的检测。

【温度传感器的检测】

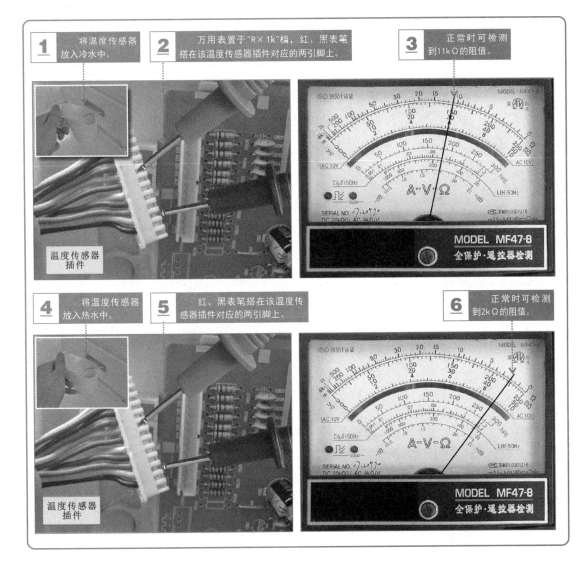

1 将温度传感器放入冷水中。

2 万用表置于"R×1k"档，红、黑表笔搭在该温度传感器插件对应的两引脚上。

3 正常时可检测到11kΩ的阻值。

温度传感器插件

MODEL MF47-8
全保护·遥控器检测

4 将温度传感器放入热水中。

5 红、黑表笔搭在该温度传感器插件对应的两引脚上。

6 正常时可检测到2kΩ的阻值。

温度传感器插件

MODEL MF47-8
全保护·遥控器检测

若温度传感器损坏，电冰箱的制冷将会出现异常等情况，此时就需要根据损坏温度传感器的规格选择新的温度传感器进行代换。

【温度传感器的拆卸与代换】

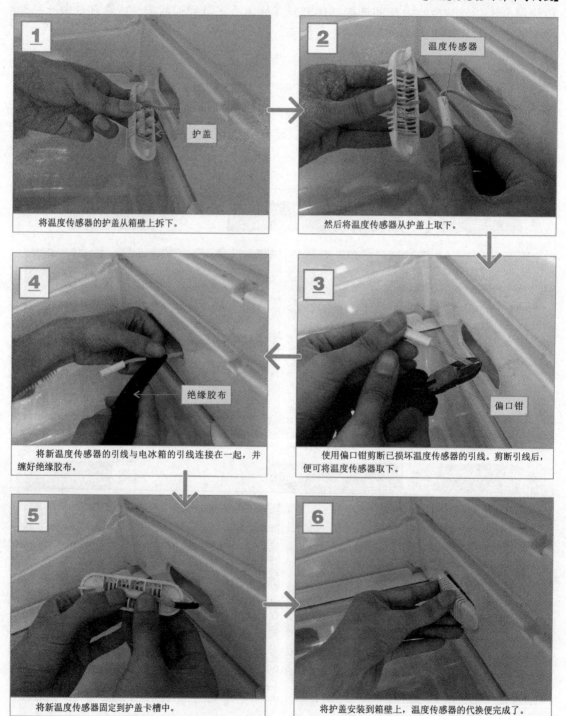

1 将温度传感器的护盖从箱壁上拆下。

护盖

2 然后将温度传感器从护盖上取下。

温度传感器

4 将新温度传感器的引线与电冰箱的引线连接在一起，并缠好绝缘胶布。

绝缘胶布

3 使用偏口钳剪断已损坏温度传感器的引线。剪断引线后，便可将温度传感器取下。

偏口钳

5 将新温度传感器固定到护盖卡槽中。

6 将护盖安装到箱壁上，温度传感器的代换便完成了。

第10章

电冰箱照明组件的检修方法

10.1 电冰箱照明组件的结构和功能

电冰箱的照明组件主要为用户提供照明，方便用户拿取或存放食物。照明组件是由照明灯和供电控制电路构成的。

10.1.1 电冰箱照明组件的结构

通常，普通电冰箱照明灯的供电是由门开关控制的，打开门则亮，关上门则灭。微电脑式电冰箱的照明灯是由控制电路板控制的。

【电冰箱中的照明电路】

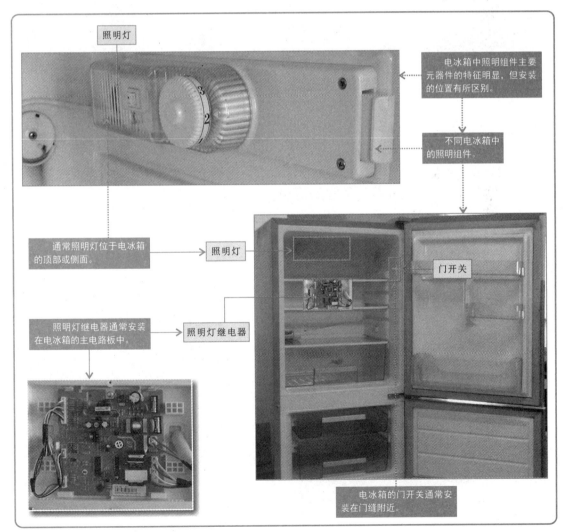

照明灯

电冰箱中照明组件主要元器件的特征明显，但安装的位置有所区别。

不同电冰箱中的照明组件。

通常照明灯位于电冰箱的顶部或侧面。

照明灯

门开关

照明灯继电器通常安装在电冰箱的主电路板中。

照明灯继电器

电冰箱的门开关通常安装在门缝附近。

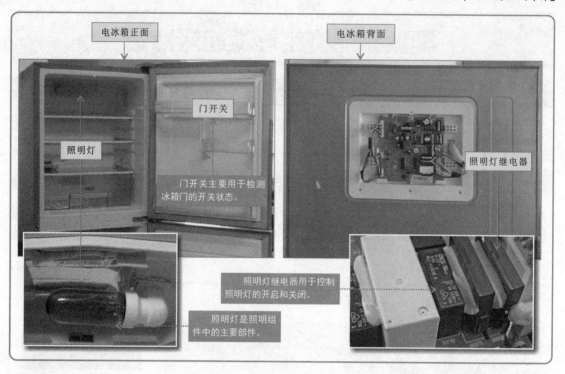

电冰箱正面

门开关

照明灯

门开关主要用于检测冰箱门的开关状态。

电冰箱背面

照明灯继电器

照明灯继电器用于控制照明灯的开启和关闭。

照明灯是照明组件中的主要部件。

 1. 照明灯

照明灯安装在照明灯座上，被封装在冷藏室的内壁上，主要为用户提供照明，不同型号的电冰箱，照明灯的安装位置也有所区别。

【照明灯的实物外形】

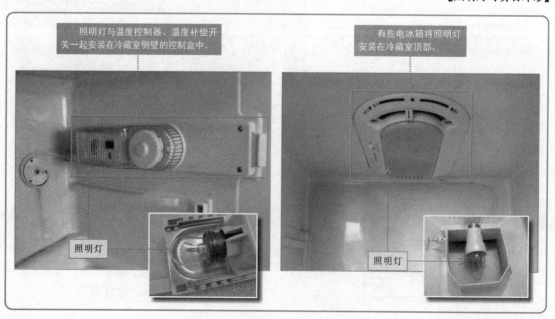

照明灯与温度控制器、温度补偿开关一起安装在冷藏室侧壁的控制盒中。

有些电冰箱将照明灯安装在冷藏室顶部。

照明灯

照明灯

2. 照明灯继电器

在微电脑式电冰箱中，门开关的信号被送往控制电路中，从而控制照明灯继电器触点的状态（闭合/断开），通过该状态来控制照明灯是否点亮。

【照明灯继电器的实物外形】

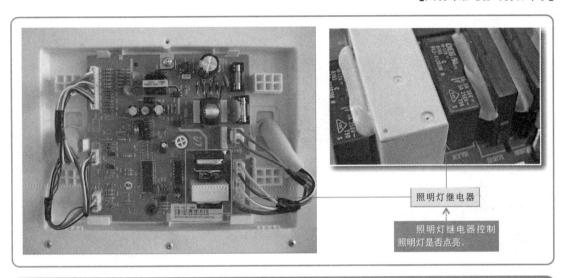

照明灯继电器

照明灯继电器控制
照明灯是否点亮。

特别提醒

目前，市面上一些普通电冰箱直接使用门开关控制照明灯的开关，这些电冰箱中多数未安装控制电路板。通过门开关来对照明灯和风扇进行控制，它利用箱门内侧与门开关按压部分接触的方式，来对内部触点的通/断进行控制。通常暗箱的门开关可以分为独立式门开关和一体式门开关。

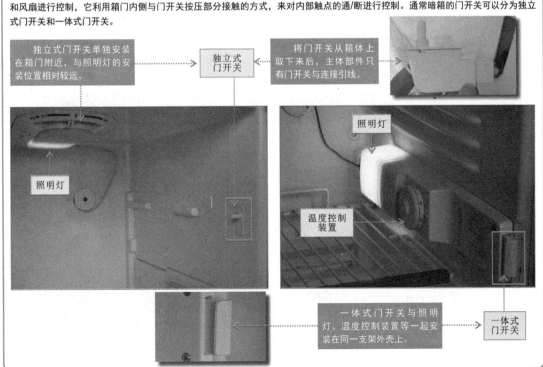

独立式门开关单独安装在箱门附近，与照明灯的安装位置相对较远。

独立式门开关

将门开关从箱体上取下来后，主体部件只有门开关与连接引线。

照明灯

照明灯

温度控制装置

一体式门开关与照明灯、温度控制装置等一起安装在同一支架外壳上。

一体式门开关

　　电冰箱照明组件的主要功能是在电冰箱中提供照明，照明灯主要由门开关或照明灯继电器进行控制，由220 V电源进行供电。下面我们分别对两种不同照明组件构成的电路进行详细的分析，以便了解照明组件的功能及工作原理。

【照明组件的工作示意图】

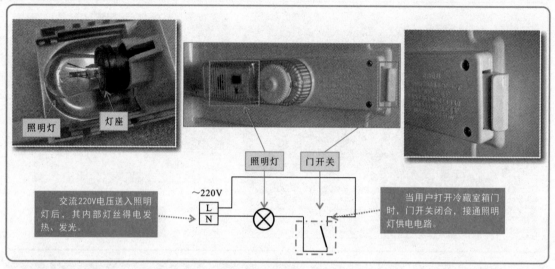

1. 普通电冰箱照明电路的工作原理

　　普通照明电路是普通电冰箱中应用较多的一种电路，该电路主要由照明灯、门开关以及220V供电电路等部分构成。

【普通照明电路的工作原理】

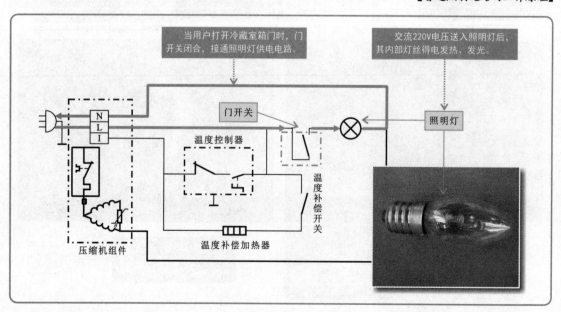

2. 微电脑式电冰箱控制照明电路的工作原理

微电脑式电冰箱的照明电路在智能电冰箱中应用较多。根据电路图可知，该电路主要由微处理器IC101（TMP86P807N）、反相器IC102（ULN2003）、照明灯继电器RY72以及照明灯等构成。

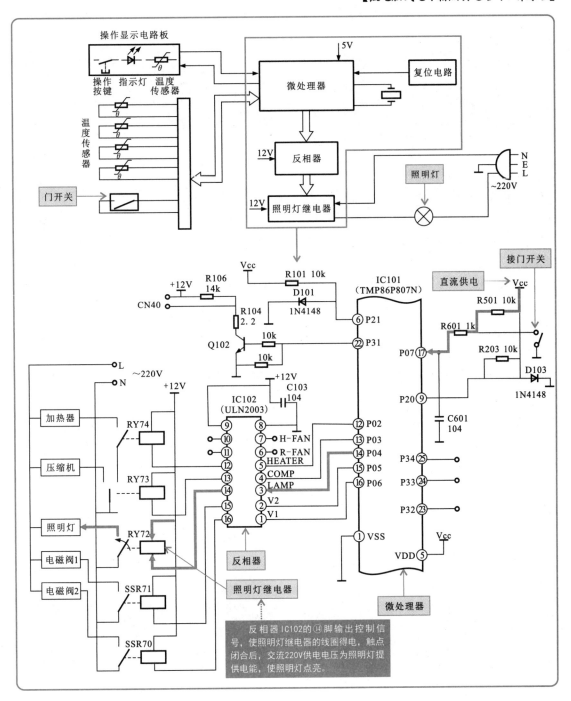

▶ 10.2.1 电冰箱照明组件的拆卸

照明组件出现故障后，打开箱门，照明灯不会点亮。若怀疑照明灯损坏，首先需要将照明灯从电冰箱箱室内拆下。

【照明灯的拆卸】

使用螺钉旋具将控制盒及感温头上的固定螺钉拧下。

将电冰箱的控制盒取下。

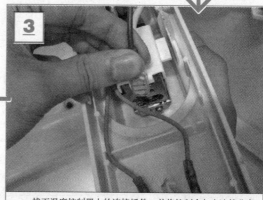

将温度控制器的调节旋钮拆下。

拔下温度控制器上的连接插件，并将控制盒与电冰箱分离。

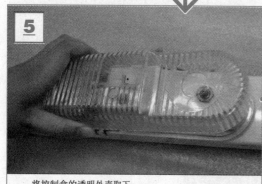

将控制盒的透明外壳取下。

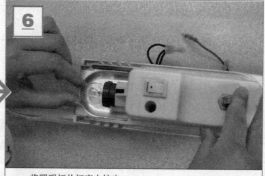

将照明灯从灯座中拧出。

1. 照明灯的检测

　　拆下照明灯后，对其进行检测，首先查看照明灯内的灯丝是否良好。若通过观察无法判断照明灯是否正常，使用万用表对照明灯的阻值进行检测，即可判断照明灯是否出现故障。

　　正常情况下，万用表应能检测到照明灯有一定的阻值。若检测照明灯阻值异常，则需要对照明灯进行更换。

【照明灯的检测】

首先查看照明灯的螺口、灯座是否有烧焦的痕迹，玻璃是否破裂、变黑，灯丝有无烧断等情况。

将万用表档位调整至"R×1k档"，两只表笔分别搭在照明灯的螺口和底部。

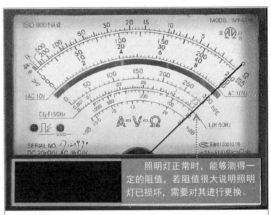

照明灯正常时，能够测得一定的阻值，若阻值很大说明照明灯已损坏，需要对其进行更换。

正常情况下，测得阻值为0.36kΩ。

特别提醒1

　　若检测照明电路中的照明灯以及照明灯继电器均正常，但仍然存在故障，则需要对门开关进行检测。判断门开关是否正常时，通常使用万用表检测门开关两引脚触点间的阻值是否正常。

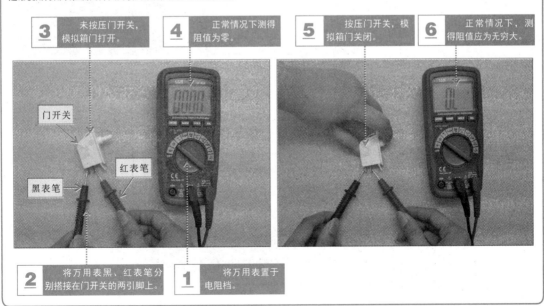

3 未按压门开关，模拟箱门打开。

4 正常情况下测得阻值为零。

5 按压门开关，模拟箱门关闭。

6 正常情况下，测得阻值应为无穷大。

门开关

红表笔

黑表笔

2 将万用表黑、红表笔分别搭接在门开关的两引脚上。

1 将万用表置于电阻档。

　　照明灯继电器可直接控制照明灯的开、关状态，当照明灯正常时，则需要对照明灯继电器进行检测。正常情况下，当开启电冰箱冷藏室的门时，照明灯继电器线圈间的电压值应为+12V，触点间的电压值应为220V。若测得电压值异常，则表明电冰箱的供电部分出现故障；若测得电压值正常，则表明照明灯继电器可以正常工作。

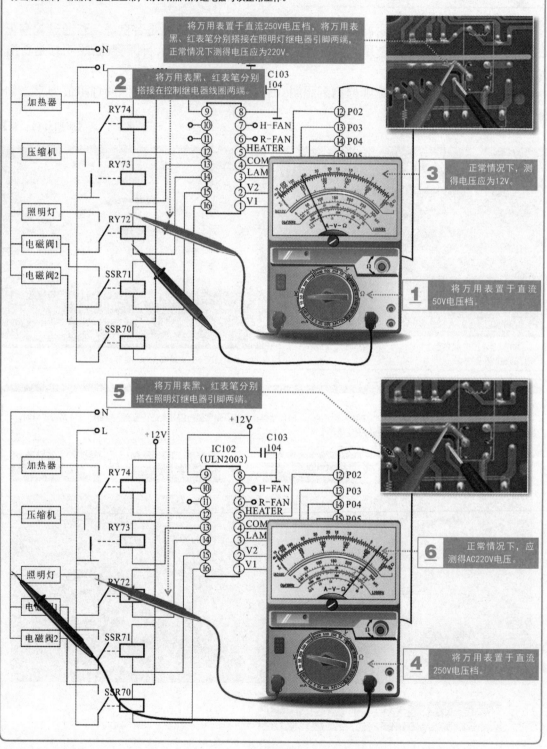

将万用表置于直流250V电压档，将万用表黑、红表笔分别搭接在照明灯继电器引脚两端，正常情况下测得电压应为220V。

2 将万用表黑、红表笔分别搭接在控制继电器线圈两端。

3 正常情况下，测得电压应为12V。

1 将万用表置于直流50V电压档。

5 将万用表黑、红表笔分别搭在照明灯继电器引脚两端。

6 正常情况下，应测得AC220V电压。

4 将万用表置于直流250V电压档。

若照明灯经检测已损坏，则需要先将照明灯从电冰箱箱室内拆下，然后选择与之规格参数相同的且性能良好的照明灯进行代换。

【照明灯的代换】

1 在温度控制器标识上有照明灯的额定功率，为15W。

2 将新照明灯安装到灯座上。

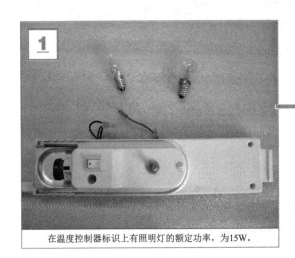

4 将温度控制器的连接插件与相关部件的引脚连接好。

3 将控制盒的外壳和调节旋钮安装好。

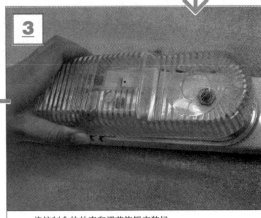

5 将控制器上的固定螺钉拧紧。

6 通电开机，打开电冰箱的冷藏室箱门时，照明灯正常点亮，故障排除。

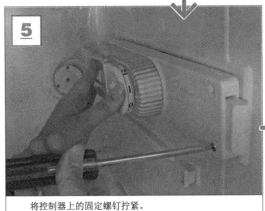

第11章

电冰箱门开关组件的检修方法

11.1 电冰箱门开关组件的结构和功能

11.1.1 电冰箱门开关组件的结构

1.门开关组件的安装位置

门开关组件是用来对照明灯进行控制的部件，通常安装在电冰箱冷藏室靠近箱门的箱壁上，通过冷藏室箱门的打开与关闭控制门开关的接通与断开，从而控制照明灯点亮与熄灭。

【门开关组件的安装位置】

门开关在电冰箱中的安装位置

门开关通常位于电冰箱冷藏室靠近箱门的箱壁上。

门开关

照明灯

冷藏室

冷藏室箱门

灰

白

灰

温度控制器

黄绿

橙

双金属恒温器

风扇电动机 M_1

照明灯

M_2

蓝

红

浅蓝

定时器

天蓝

蓝

起动继电器

PTC

~220V

S

M

门开关在电冰箱电路中的位置

熔体（65℃）

黄

除霜加热器

排水加热器1

压缩机

门开关

风扇加热器

C

保护继电器

3

1

面盘加热器

排水加热器2

黑

深红

2. 门开关组件的结构

不同电冰箱的设计风格不同，所以门开关组件的样式也多种多样，但按其结构通常都可以分为独立式门开关和一体式门开关两种。

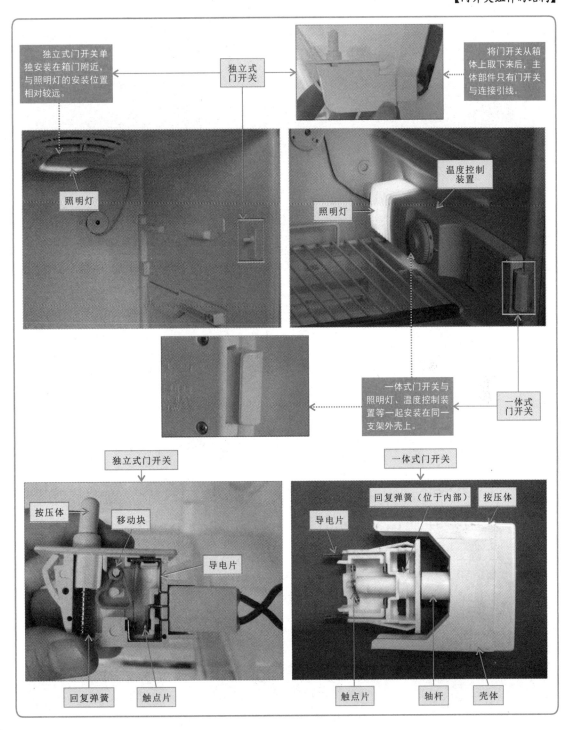

门开关的接通与断开是通过箱门内侧与门开关按压部分接触的方式进行控制的。当打开冷藏室箱门后，门开关按压部分弹起；当关闭冷藏室箱门后，门开关按压部分受力压紧。

【门开关组件的功能示意图】

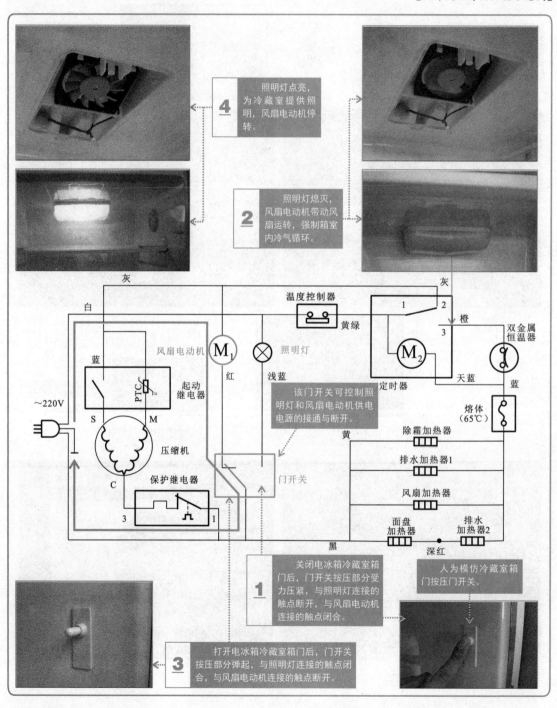

4 照明灯点亮，为冷藏室提供照明，风扇电动机停转。

2 照明灯熄灭，风扇电动机带动风扇运转，强制箱室内冷气循环。

该门开关可控制照明灯和风扇电动机供电电源的接通与断开。

1 关闭电冰箱冷藏室箱门后，门开关按压部分受力压紧，与照明灯连接的触点断开，与风扇电动机连接的触点闭合。

人为模仿冷藏室箱门按压门开关。

3 打开电冰箱冷藏室箱门后，门开关按压部分弹起，与照明灯连接的触点闭合，与风扇电动机连接的触点断开。

11.2.1 电冰箱门开关组件的拆卸

门开关组件出现问题时会使电冰箱箱体内照明灯不能正常点亮或关闭，风扇不能正常运转或停止。当怀疑电冰箱门开关组件出现故障时，应将门开关组件从电冰箱上拆卸下来对其进行检测判断，下面就来了解一下如何拆卸电冰箱的门开关组件。

【门开关组件的拆卸】

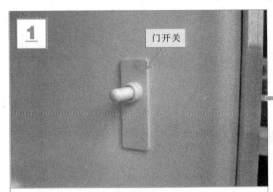

门开关安装在冷藏室的箱壁上。

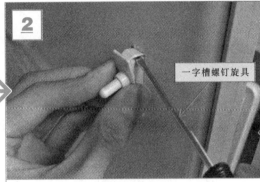

使用一字槽螺钉旋具将门开关从箱壁上撬下。

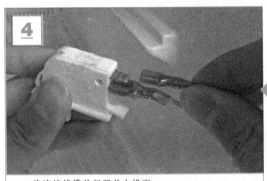

将门开关与连接线缆一起拽出箱壁。

将连接线缆从门开关上拔下。

再将另一根线缆拔下，便可将门开关取下。

拆卸下来的门开关组件。

1. 门开关组件的检测

　　判断门开关组件是否正常时，通常使用万用表检测门开关组件在断开与闭合状态时，两引脚触点间的阻值是否正常。具体检测方法请参看下面的图解演示。

【门开关组件的检测】

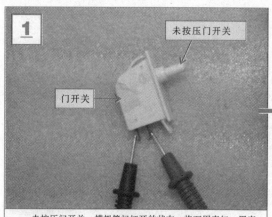

未按压门开关，模拟箱门打开的状态，将万用表红、黑表笔分别搭接在门开关的两引脚上。

正常情况下，万用表测得阻值为零，门开关处于闭合状态。

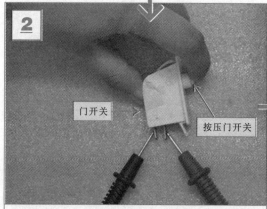

按压门开关，模拟箱门关闭的状态，将万用表红、黑表笔分别搭在门开关的两引脚上。

正常情况下，万用表测得阻值为无穷大，门开关处于断开状态。

特别提醒

　　经上述检测，若门开关不能很好地闭合与断开，则可使用一字槽螺钉旋具撬开门开关的外壳，对其内部进行检查，若经检查门开关内部部件损坏无法修复，则就需要对损坏的门开关进行更换了。

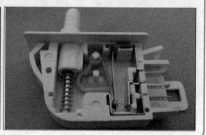

若门开关损坏，就需要根据损坏门开关的体积选择新的门开关进行代换。具体代换方法请参看下面的图解演示。

【门开关组件的代换】

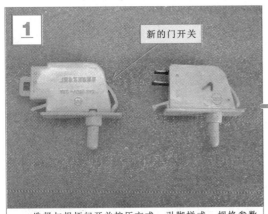

新的门开关

选择与损坏门开关按压方式、引脚样式、规格参数以及外形尺寸相同的门开关。

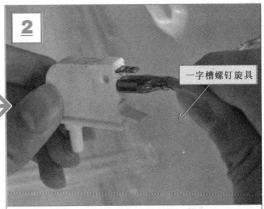

一字槽螺钉旋具

将电冰箱上门开关的两根连接线缆分别插接在新门开关的两引脚端。

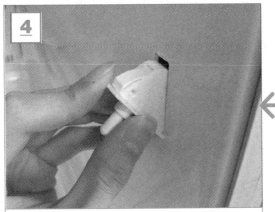

将新门开关安装到原损坏门开关的安装位置。

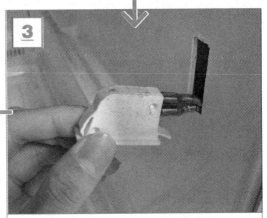

将门开关连接线缆重新放入冷藏室箱壁中。

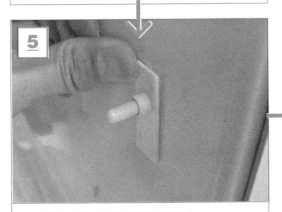

压紧门开关，使其与箱壁固定牢固。

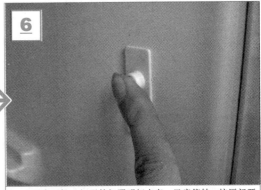

通电开机，打开箱门照明灯点亮，风扇停转；按压门开关，照明灯熄灭，风扇旋转，故障排除。

第12章
电冰箱电源电路的检修方法

12.1 电冰箱电源电路的结构和工作原理

12.1.1 电冰箱电源电路的结构

电冰箱的电源电路主要为电冰箱内其他电路部分和各功能部件提供工作电压。

【典型电冰箱电源电路的结构】

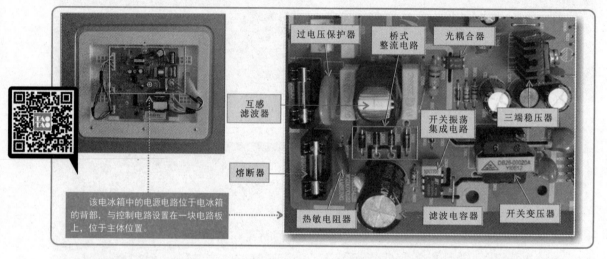

过电压保护器　桥式整流电路　光耦合器

互感滤波器

开关振荡集成电路　三端稳压器

熔断器

该电冰箱中的电源电路位于电冰箱的背部，与控制电路设置在一块电路板上，位于主体位置。

热敏电阻器　滤波电容器　开关变压器

电冰箱中电源电路主要是由熔断器、热敏电阻器、互感滤波器、桥式整流电路、滤波电容器、开关振荡集成电路、开关变压器、光耦合器、三端稳压器等构成的。

 1. 熔断器

电源电路中的熔断器主要起到保证电路安全运行的作用。当电冰箱电路发生短路故障时，电流会异常升高，这时熔断器会自身熔断切断供电，从而保护电路。

【熔断器的实物外形】

交流220V输入端

在该电冰箱的电源电路中安装了两个不同参数的熔断器。

熔断器通常安装在交流220V输入端附近。

熔断器（3.15A）

熔断器（1A）

2. 热敏电阻器

热敏电阻器在电路中起抗冲击作用。为防止电冰箱开机瞬间产生的冲击电流，通常在熔断器之后加入热敏电阻器进行限流。

【热敏电阻器的实物外形】

热敏电阻器

该热敏电阻器的类型为NTC，即负温度系数热敏电阻器。

热敏电阻器在电路中的电路符号

热敏电阻

3. 互感滤波器

互感滤波器由两组线圈对称绕制而成，其作用是通过互感作用消除外电路的干扰脉冲进入电路中，同时使电路中的脉冲信号不会向电网辐射干扰。

【互感滤波器的实物外形】

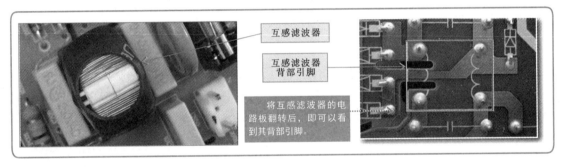

互感滤波器

互感滤波器背部引脚

将互感滤波器的电路板翻转后，即可以看到其背部引脚。

4. 桥式整流电路

桥式整流电路主要将交流220V电压整流为直流300V电压输出，它由四个整流二极管按照一定的连接关系组合而成。

【桥式整流电路的实物外形】

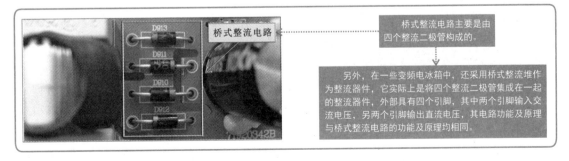

桥式整流电路

桥式整流电路主要是由四个整流二极管构成的。

另外，在一些变频电冰箱中，还采用桥式整流堆作为整流器件，它实际上是将四个整流二极管集成在一起的整流器件，外部具有四个引脚，其中两个引脚输入交流电压，另两个引脚输出直流电压，其电路功能及原理与桥式整流电路的功能及原理均相同。

5. 滤波电容器

滤波电容器主要用于对由桥式整流电路供给的300 V直流电压进行滤波，滤除电压中的脉动成分，从而将输出的电压变为稳定的直流电压。

在电源电路中滤波电容器是最容易识别的器件之一，通常它是电路中最大的电容器。在滤波电容器的外壳上通常标有负极性标识，方便确认引脚极性。

【滤波电容器的实物外形】

滤波电容器背部引脚

滤波电容器

滤波电容器的负极性标识。

6. 开关振荡集成电路

电源电路工作时，开关振荡集成电路主要为开关变压器提供驱动脉冲信号。

开关振荡集成电路型号不同，具体结构也不相同：有些开关振荡集成电路内部集成有开关晶体管和振荡电路；有些则主要包含振荡电路，通过与外置的开关晶体管配合工作。

【开关振荡集成电路的实物外形】

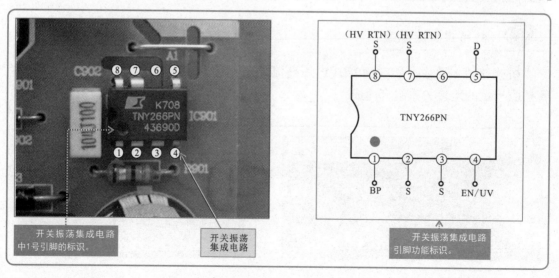

开关振荡集成电路中1号引脚的标识。

开关振荡集成电路

开关振荡集成电路引脚功能标识。

7. 开关变压器

开关变压器是一种脉冲变压器，其工作频率较高（1～50kHz），该变压器的一次绕组与开关场效应晶体管（有些独立安装，有些集成在开关振荡集成电路中）构成振荡电路，二次绕组与一次绕组隔离，主要的功能是将高频高压脉冲变成多组高频低压脉冲。

【开关变压器的实物外形】

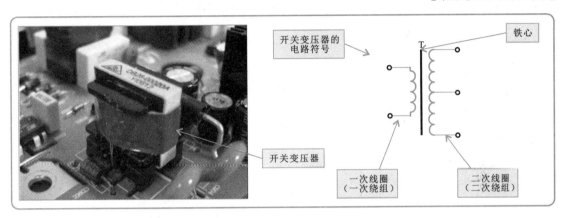

 ## 8. 光耦合器和三端稳压器

光耦合器的主要作用是将变频电冰箱开关电源输出电压的误差信号反馈到开关振荡集成电路中，由开关振荡集成电路根据信号进行稳压控制。

三端稳压器是一种具有三个引脚的直流稳压集成电路，不同型号的三端稳压器的稳压值也不同。

【光耦合器和三端稳压器的实物外形】

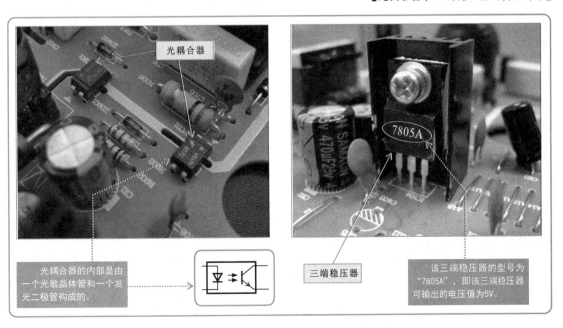

电冰箱电源电路的基本特点是将交流220V电压，经整流、滤波等一系列处理后，分别为电冰箱的各单元电路或功能部件提供工作电压，最终实现变频电冰箱的正常运转。

【典型电冰箱电源电路的工作原理图】

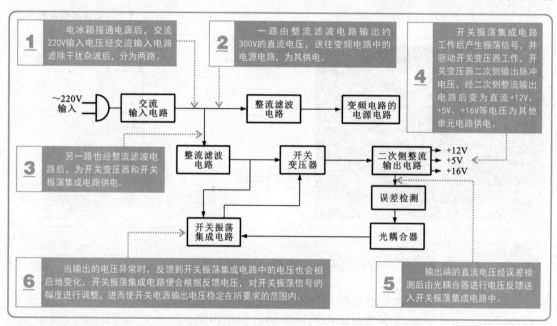

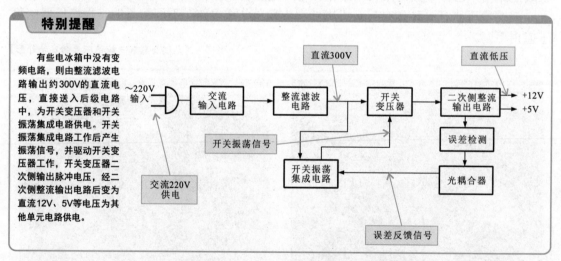

为进一步了解电冰箱电源电路的工作原理，下面以典型电冰箱的电源电路为例，详细学习一下其具体的工作过程。

根据电源电路图可知，该电路主要是由熔断器（F200）、互感滤波器（L202）、桥式整流电路（D208、D209、D210、D211）、开关振荡集成电路（IC201）、开关变压器（T201）、光耦合器（IC203）以及三端稳压器IC202等构成的。

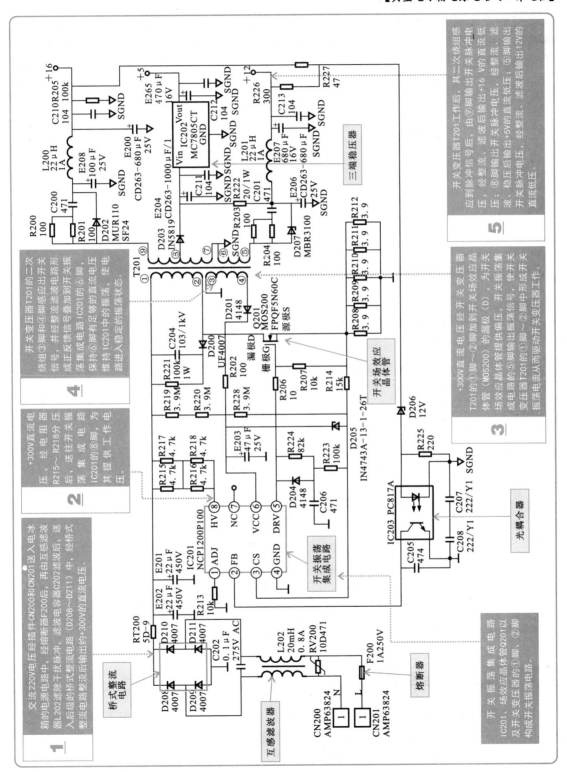

1　交流220V电压经插件CN200和CN201送入电冰箱的电源电路中，经熔断器F200后，再由互感滤波器L202滤除干扰脉冲，滤波电容器C202滤波后，送入后级的桥式整流电路（D208~D211）中，经桥式整流电路整流后输出约+300V的直流电压。

2　+300V直流电压，经电阻器R215~R218分压后，送往开关振荡集成电路IC201的⑧脚，为其提供工作电压。

3　+300V直流电压经开关变压器T201的①脚~②脚加到开关场效应晶体管（MOS200）的漏极（D），为开关场效应晶体管提供偏压，开关振荡集成电路的⑤脚输出振荡信号，使开关变压器T201的①脚~②脚形成开关电流，振荡电流从而驱动开关变压器工作。

4　开关变压器T201的二次绕组③脚和④脚感应出开关信号，并经整流信号叠加到IC201的⑥脚，成正反馈信号，使集成电路IC201有足够的振荡电压，维持⑥脚有足够的直流电压，保持IC201中的振荡，使电路进入稳定的振荡状态。

5　开关变压器T201工作后，其二次绕组感应到脉冲信号后，由⑦脚输出+16V的开关脉冲电压，经整流、滤波后输出+16V的直流低压；由⑧脚输出开关脉冲电压，经整流、滤波后输出+5V的直流低压；⑤脚输出12V的开关脉冲电压，经整流、滤波后输出12V的直流低压。

桥式整流电路

互感滤波器

熔断器

开关振荡集成电路IC201、场效应晶体管Q201以及开关变压器T201的①脚、②脚构成开关振荡电路。

光耦合器

开关场效应晶体管

开关振荡集成电路

三端稳压器

12.2 电冰箱电源电路的检测

　　电源电路是电冰箱中的关键电路，若该电路出现故障，则经常会出现电冰箱开机不制冷、压缩机不工作、无显示等现象。对该电路进行检测时，可依据故障现象分析出产生故障的原因，并根据电源电路的信号流程对可能产生故障的部件逐一进行排查。

【电源电路的检测分析】

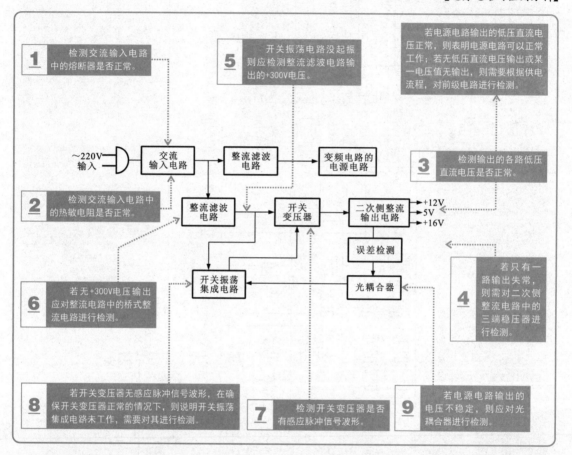

特别提醒

　　当电源电路出现故障时，可首先采用观察法检查电源电路的主要元器件有无明显损坏迹象，如观察熔断器有无断开、炸裂或烧焦的迹象，其他主要元器件有无脱焊或插接不良的现象，互感滤波器线圈有无脱焊，引脚有无松动，+300V滤波电容有无爆裂、鼓包等现象。如出现上述情况则应立即更换损坏的元器件。

▶ 12.2.1 熔断器的检测

　　电冰箱电源电路出现故障时，应先查看熔断器是否损坏。熔断器的检测方法有两种：一是观察法，即用眼睛直接观察，看熔断器是否有烧断、烧焦迹象；二是检测法，即用万用表对熔断器进行检测，观察其电阻值，判断熔断器是否损坏。

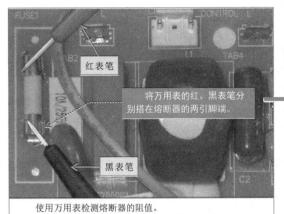

将万用表的红、黑表笔分别搭在熔断器的两引脚端。

使用万用表检测熔断器的阻值。

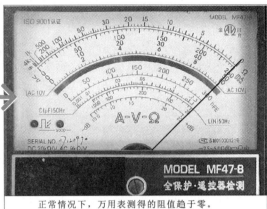

正常情况下，万用表测得的阻值趋于零。

特别提醒

引起熔断器烧坏的原因有很多，其中较常见的情况是开关电源电路或负载中有过载现象。这时应进一步检查电路，排除过载元器件后，冉升机；否则，即使更换熔断器后，仍可能烧断。

▶ 12.2.2 热敏电阻器的检测 »»

若熔断器正常，则应对热敏电阻器进行检测。检测热敏电阻器时，可以分别在常温和高温下检测其电阻值是否正常。

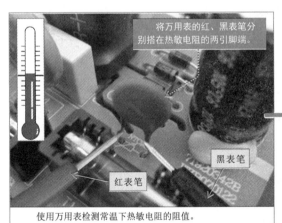

将万用表的红、黑表笔分别搭在热敏电阻的两引脚端。

使用万用表检测常温下热敏电阻的阻值。

正常情况下，万用表测得的阻值为13Ω。

特别提醒

通过前文的学习可知，热敏电阻器分为正温度系数和负温度系数两种。

当前检测的热敏电阻为负温度系数热敏电阻（NTC901），因此，正常情况下，常温时检测的阻值为13Ω，高温时检测其阻值应有所降低，即10Ω左右。

使用吹风机，使热敏电阻器周围的温度升高。

接下来，使用同样的检测方法，使用吹风机使热敏电阻器处于高温状态下，检测其阻值，正常情况下，阻值应发生变化。

▶ 12.2.3 低压直流电压输出的检测

若检测熔断器、热敏电阻均正常，则应对电源电路输出的直流电压进行检测；若检测电源电路输出的各路直流电压正常，则说明电源电路正常；若检测低压直流电压不正常，则说明该电路前级电路可能出现故障，需要进行下一步的检测。

【低压直流电压的检测】

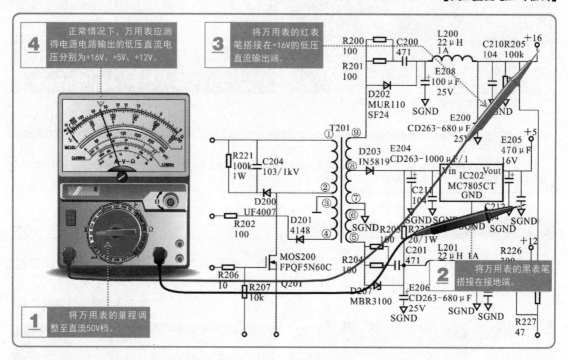

▶ 12.2.4 三端稳压器的检测

若检测其中一路或几路无输出低压，应对前级电路进行检测，如检测到+5V电压失常时，则应对三端稳压器进行检测。

【三端稳压器的检测】

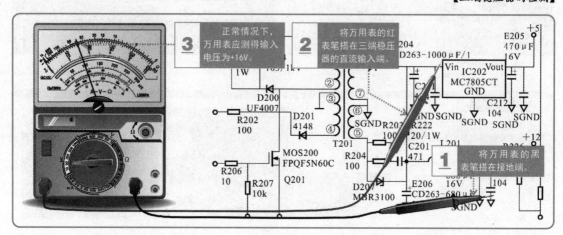

特别提醒

若输入三端稳压器的电压正常，而输出不正常，则表明三端稳压器本身损坏，应对其进行更换；若输入电压异常，则需要对电源电路中的+300V电压进行检测。

12.2.5 +300V输出电压的检测

若检测电源电路没有任何低压直流电压输出，则应首先对前级电路输出的+300V电压进行检测，初步判断交流输入与整流滤波电路是否正常；若检测电源电路输出的+300V电压正常，则说明交流输入和桥式整流电路正常，若检测不到该电压，则说明桥式整流电路可能不良。

【+300V输出电压的检测】

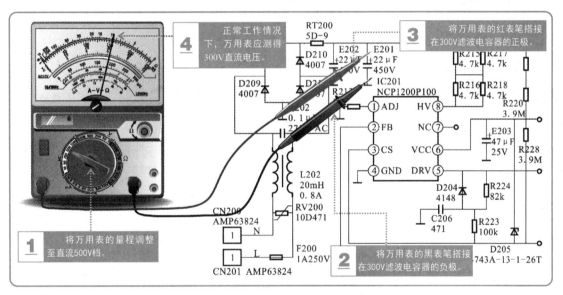

特别提醒

检测电源电路有无+300V直流电压输出时，可以通过检测300V滤波电容器引脚两端的电压值进行判断，若该器件引脚间可以检测到该电压值，则表明+300V直流电压正常，桥式整流电路也可以正常工作。

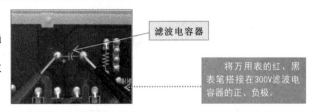

滤波电容器

将万用表的红、黑表笔搭接在300V滤波电容器的正、负极。

12.2.6 桥式整流电路的检测

在电源电路中，桥式整流电路的作用是将220V交流电压整流后输出+300V直流电压。若电源电路中无+300V电压输出，则需对整流电路中的桥式整流电路进行检测。

检测桥式整流电路时，可以分别检测桥式整流电路的整流二极管的正、反向阻值是否正常。由于各整流二极管的检测方法相同，下面以其中一个整流二极管为例进行介绍具体的检测方法。

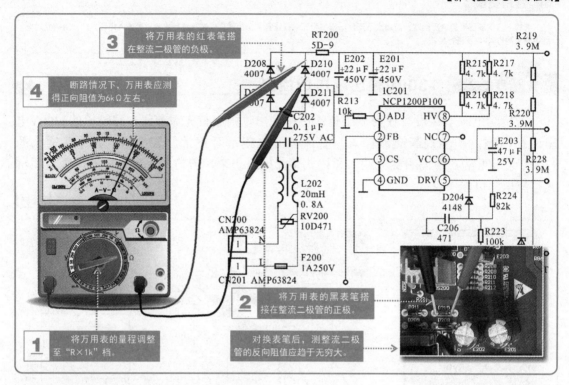

3 将万用表的红表笔搭在整流二极管的负极。

4 断路情况下，万用表应测得正向阻值为6kΩ左右。

1 将万用表的量程调整至"R×1k"档。

2 将万用表的黑表笔搭接在整流二极管的正极。

对换表笔后，测整流二极管的反向阻值应趋于无穷大。

▶ 12.2.7 开关变压器的检测 ▶▶

若检测电源电路没有任何低压直流电压输出，且前级电路输出的+300 V的直流电压也正常，此时可对开关变压器的感应脉冲信号波形进行检测。

由于开关变压器一次绕组的脉冲电压很高，所以采用感应法判断开关变压器是否工作是目前普遍采用的一种简便方法。若检测时有感应脉冲信号，则说明开关变压器本身和开关振荡集成电路工作正常，否则说明开关振荡集成电路未工作、开关变压器未起振或开关变压器本身不良。

【开关变压器的检测】

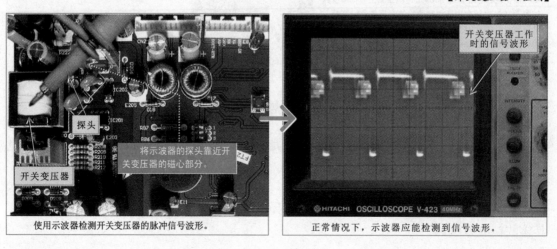

探头

开关变压器

将示波器的探头靠近开关变压器的磁心部分。

开关变压器工作时的信号波形

使用示波器检测开关变压器的脉冲信号波形。 | 正常情况下，示波器应能检测到信号波形。

若开关变压器无感应脉冲信号波形输出，而前级送来的300V直流电压正常，则多为开关振荡电路异常，应重点对开关振荡集成电路进行检测。检测时，确保各元器件正常的情况下，应重点对开关信号输出端的电压进行检测。

【开关振荡集成电路的检测】

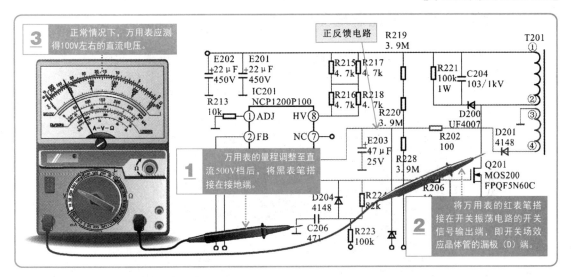

光耦合器将电源电路输出电压的误差反馈到开关振荡集成电路中，当电冰箱电源电路输出的电压不稳定时，应对光耦合器进行检测。光耦合器内部是由一个发光二极管和一个光敏晶体管构成的，检测时需分别检测内部的发光二极管和光敏晶体管的正、反向阻值是否正常。

【光耦合器的检测】

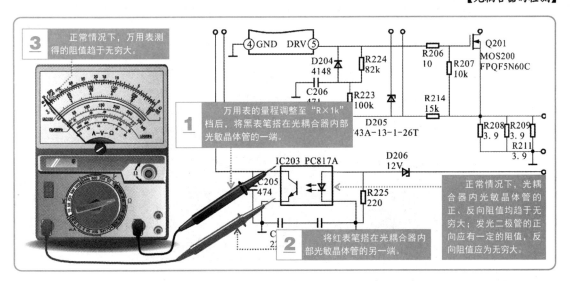

第13章
电冰箱控制电路的检修方法

13.1 电冰箱控制电路的结构和工作原理

13.1.1 电冰箱控制电路的结构

　　电冰箱中的控制电路是以微处理器为核心的电路，是新型电冰箱的核心电路，该电路与电源电路共用一个电路板，由电源电路直接提供工作电压。

【典型电冰箱控制电路的结构】

1. 微处理器

　　微处理器是控制电路的核心器件，其内部集成有运算器和控制器，主要用来对人工信号以及传感器送来的信号进行识别、处理，输出控制信号对电冰箱整机进行控制。

【微处理器的实物外形】

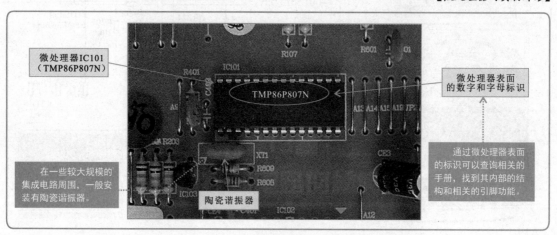

2. 陶瓷谐振器

陶瓷谐振器主要用来和微处理器内部的振荡电路构成时钟振荡器，产生时钟晶振信号，为控制电路提供基准的时钟信号，确保微处理器正常工作。

【陶瓷谐振器的实物外形】

微处理器

陶瓷谐振器 XT1

振荡电路 CPU

陶瓷谐振器主要用于与微处理器内部的振荡电路配合构成时钟振荡器，为微处理器提供时钟信号。

 3. 反相器

反相器是一种集成的反相放大器，用于将微处理器输出的控制信号进行反相放大，可作为微处理器的接口电路对控制电路中继电器、蜂鸣器和电动机等器件进行控制。

【反相器的实物外形】

反相器表面的标识

集成电路表面上的标识通常是由数字和字母构成的，表明该集成电路的型号，通过该型号可查询到其内部结构或相关引脚功能等参数。

（ULN2003）

反相器用以将微处理器输出的控制信号进行反相放大，将微处理器输出的高电平变为低电平；将低电平变为高电平。

反相器IC102（ULN2003）

 4. 继电器

在电冰箱中，主要通过电磁继电器和固态继电器对各压缩机、风扇电动机、各种加热丝或加热器、照明灯、水阀等主要部件的供电状态进行控制。

【继电器的实物外形】

电磁继电器

电磁继电器

电磁继电器

固态继电器

固态继电器

电冰箱的微处理器控制电路是智能电冰箱中特有的电路，该电路接收人工指令信号以及温度检测信号，并输出相应的控制信号，对电冰箱进行控制。

【典型电冰箱控制电路的基本流程图】

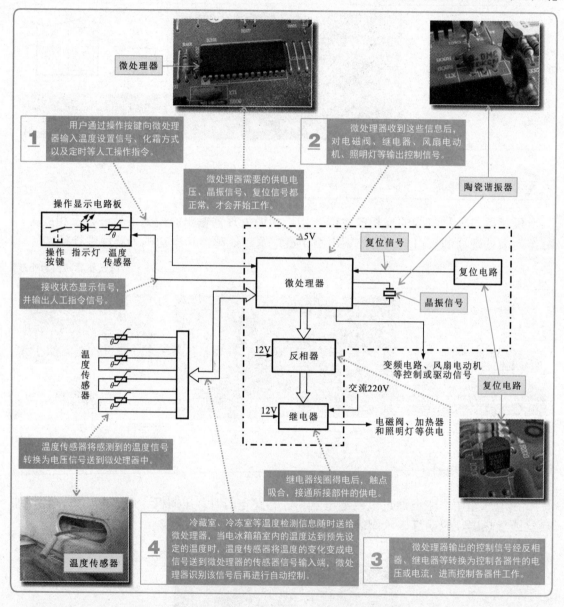

为了进一步了解该电路的工作原理，下面以典型电冰箱（三星BCD-226MJV型）的控制电路为例进行介绍。该电冰箱的控制电路主要是由微处理器IC101（TMP86P807N）、反相器IC102（ULN2003）、复位芯片IC103、陶瓷谐振器XT1、电磁继电器RY72～RY74、SSR71、SSR70和温度传感器等构成的。

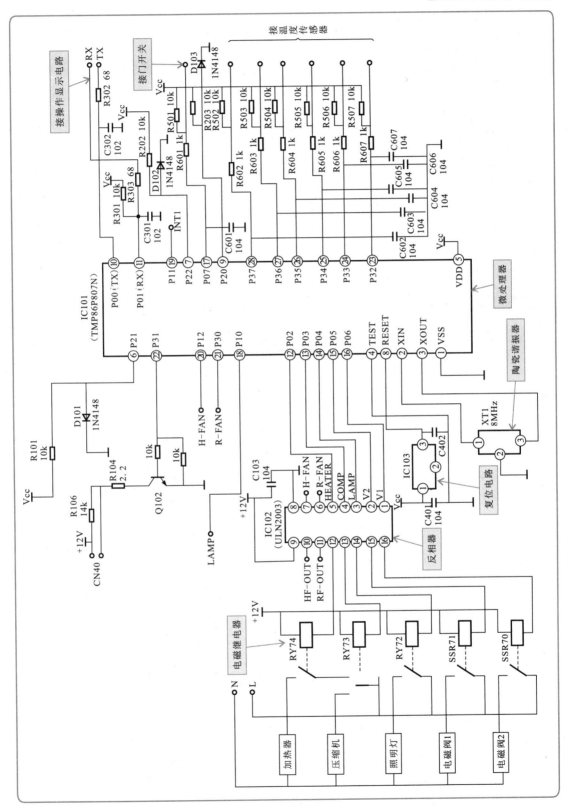

根据电冰箱控制电路的流程图，结合当前控制电路的结构，将该控制电路划分为四个部分，即微处理器起动电路、反相器控制电路、温度检测电路和人工指令输入及对外控制电路，然后从起动电路部分开始，按照信号流程逐级分析。

微处理器IC101（TMP86P807N）进入工作状态需要具备一些工作条件，其中主要包括+5V供电电压、复位信号和晶振信号。

【微处理器起动电路】

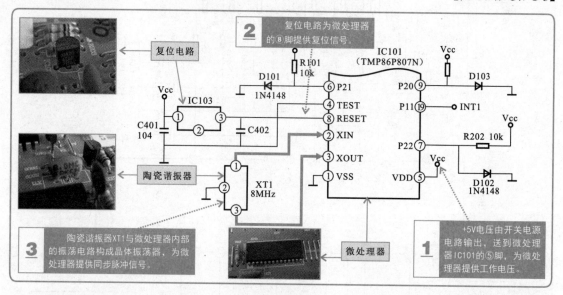

在新型电冰箱中，通常都采用反相器和电磁继电器相配合的方式对压缩机等器件的供电进行控制。

【反相器控制电路】

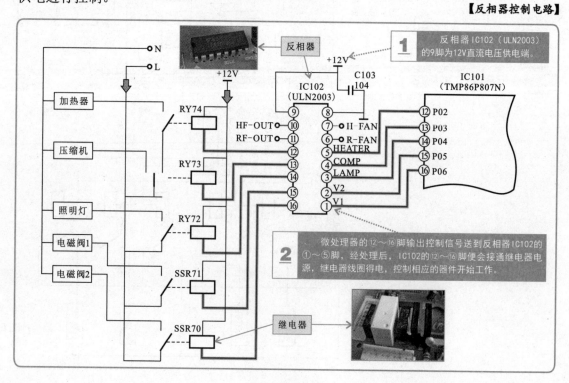

128

温度检测电路用来检测电冰箱内外的温度，并将温度信号传送到微处理器中。

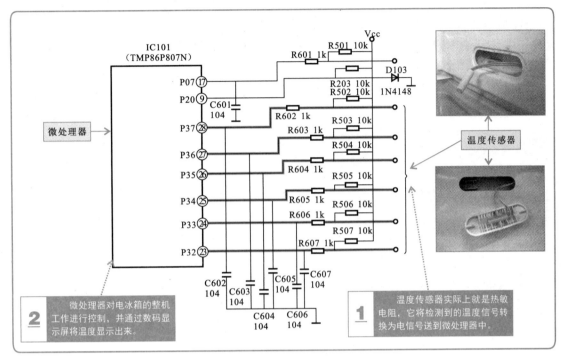

微处理器通过对人工指令的识别，才可输出相应的控制信号对其他电路进行控制。除了使用反相器和继电器对重要器件进行控制外，微处理器还通过几条专门的信号电路对一些部件进行控制，比如风扇、光合成除臭灯等。

【人工指令输入及对外控制电路】

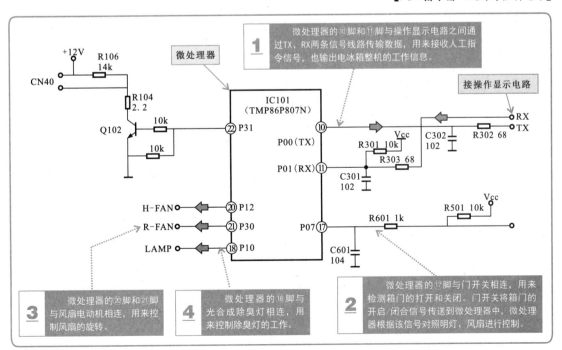

13.2 电冰箱控制电路的检测

　　控制电路是电冰箱中的关键电路，若该电路出现故障，则经常会引起电冰箱不起动、不制冷、控制失灵、显示异常等现象。对该电路进行检测时，可依据故障现象分析产生故障的原因，并根据控制电路的信号流程对可能产生故障的部件逐一进行排查。

【典型电冰箱控制电路的检测】

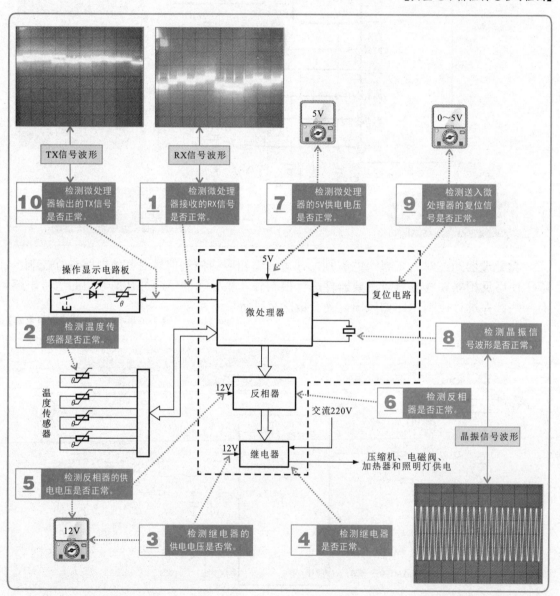

　　特别提醒

　　当控制电路出现故障时，可首先采用观察法检查控制电路的主要元器件有无明显损坏迹象，如观察元器件有无断开、炸裂或烧焦的迹象，有无脱焊或插接不良的现象等，若出现上述情况则应立即更换损坏的元器件。

电冰箱控制电路出现故障时，应先检测操作显示电路与微处理器之间的数据信号（RX）是否正常。若该信号正常，则可排除操作显示电路出现故障的可能。

【微处理器输入数据信号（RX）的检测】

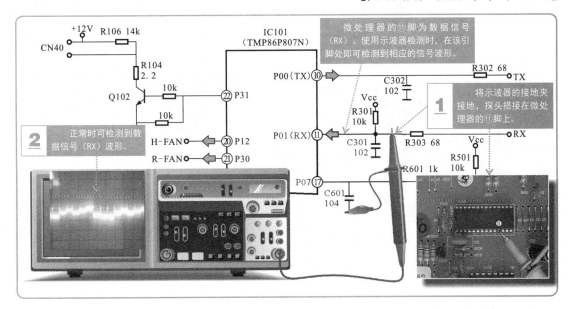

若数据信号（RX）正常，则应对温度传感器进行检测，检测温度传感器时，可以在高温和低温环境下检测其阻值是否正常。对于带有显示面板的智能电冰箱，也可以使用观察法来判断温度传感器是否正常，将温度传感器放入冷水或热水中，观察显示面板上的温度变化情况，根据温度变化的快慢以及变化量，便可推测出相应的温度传感器是否良好。

【温度传感器的检测】

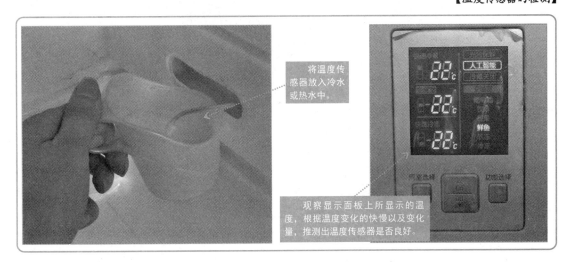

▶ 13.2.3 继电器供电电压的检测

在确保操作显示电路和温度检测电路都正常的情况下，应对控制电路中的继电器供电进行检测。若继电器供电正常，则应对继电器本身做进一步检测；若供电不正常，则说明开关电源电路有故障。

【继电器供电电压的检测】

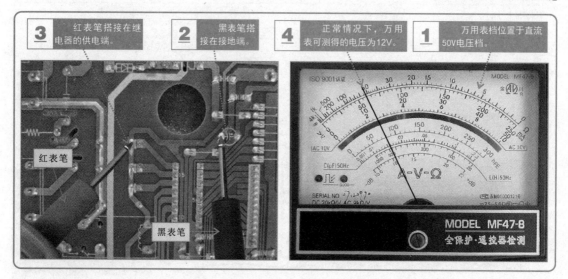

3 红表笔搭接在继电器的供电端。

2 黑表笔搭接在接地端。

4 正常情况下，万用表可测得的电压为12V。

1 万用表档位置于直流50V电压档。

红表笔

黑表笔

▶ 13.2.4 继电器自身性能的检测

若继电器供电电压正常，则需要对继电器自身性能进行检测。可使用万用表在通电状态下，检测继电器触点引脚以及线圈引脚上的电压是否正常来判断。

【继电器自身性能的检测】

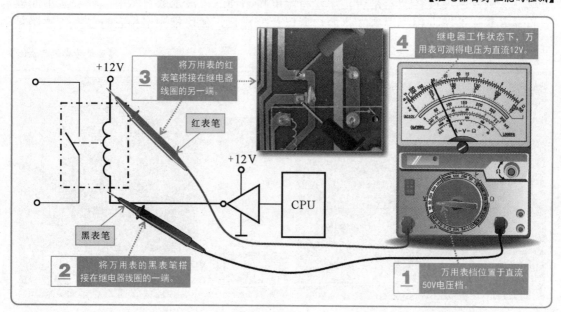

+12V

3 将万用表的红表笔搭接在继电器线圈的另一端。

红表笔

+12V

黑表笔

CPU

4 继电器工作状态下，万用表可测得电压为直流12V。

2 将万用表的黑表笔搭接在继电器线圈的一端。

1 万用表档位置于直流50V电压档。

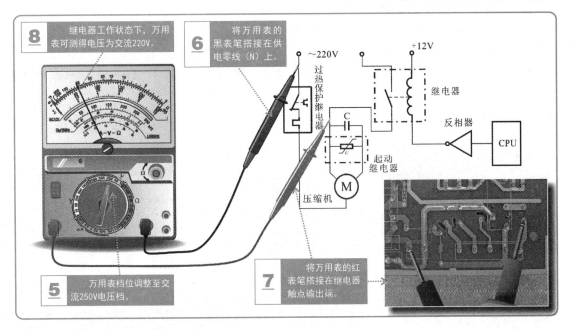

8 继电器工作状态下，万用表可测得电压为交流220V。

6 将万用表的黑表笔搭接在供电零线（N）上。

5 万用表档位调整至交流250V电压档。

7 将万用表的红表笔搭接在继电器触点输出端。

▶ 13.2.5 反相器供电电压的检测 ≫

若继电器良好，则应对反相器的供电电压进行检测。若反相器供电电压正常，则应对反相器本身作进一步检测。

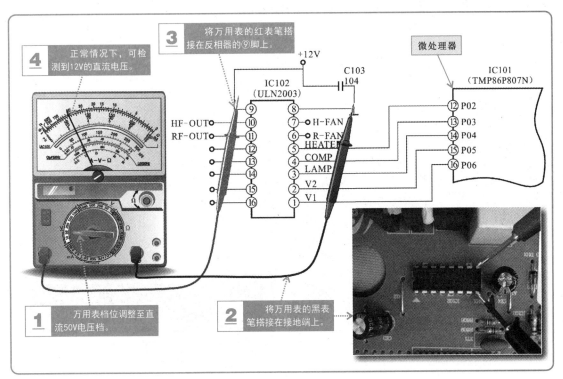

4 正常情况下，可检测到12V的直流电压。

3 将万用表的红表笔搭接在反相器的⑨脚上。

1 万用表档位调整至直流50V电压档。

2 将万用表的黑表笔搭接在接地端上。

▶ 13.2.6 反相器自身性能的检测

若反相器供电电压正常，则需要对反相器自身性能进行检测，可使用万用表对其各引脚的对地阻值进行检测。

【反相器自身性能的检测】

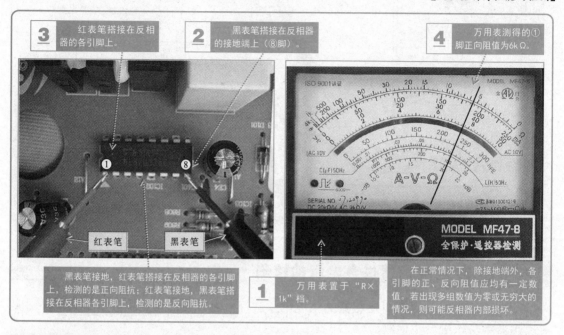

3 红表笔搭接在反相器的各引脚上。

2 黑表笔搭接在反相器的接地端上（⑧脚）。

4 万用表测得的①脚正向阻值为6kΩ。

红表笔　黑表笔

黑表笔接地，红表笔搭接在反相器的各引脚上，检测的是正向阻抗；红表笔接地，黑表笔搭接在反相器各引脚上，检测的是反向阻抗。

1 万用表置于"R×1k"档。

在正常情况下，除接地端外，各引脚的正、反向阻值应均有一定数值。若出现多组数值为零或无穷大的情况，则可能反相器内部损坏。

▶ 13.2.7 微处理器供电电压的检测

若控制电路中的继电器和反相器都正常，则应对微处理器的工作条件(如供电电压等)进行检测，正常情况下微处理器应有+5V的供电电压。

【微处理器供电电压的检测】

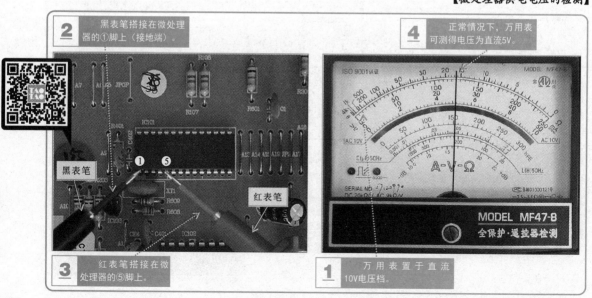

2 黑表笔搭接在微处理器的①脚上（接地端）。

4 正常情况下，万用表可测得电压为直流5V。

黑表笔　　红表笔

3 红表笔搭接在微处理器的⑤脚上。

1 万用表置于直流10V电压档。

控制电路中微处理器的工作条件除了需要供电电压外，还需要陶瓷谐振器提供的晶振信号才可以正常工作。

【晶振信号的检测】

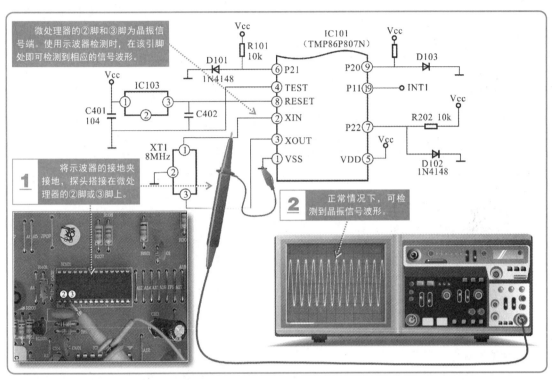

特别提醒

在陶瓷谐振器的引脚处也能检测到相应的晶振信号波形。若晶振信号不正常，则应对陶瓷谐振器及其外围的谐振电容进行检测。

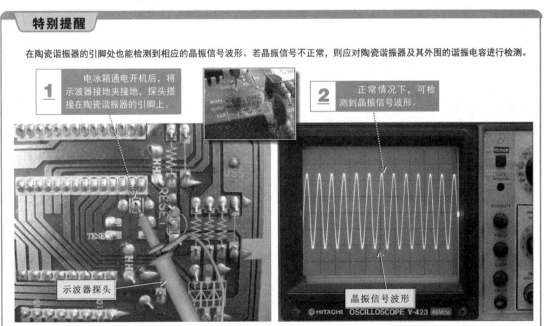

控制电路中的复位信号也是微处理器工作的条件之一，若无复位信号，则微处理器不能正常工作。若微处理器的工作条件正常，其他各主要部件也正常，则表明微处理器本身出现故障。

【复位信号的检测】

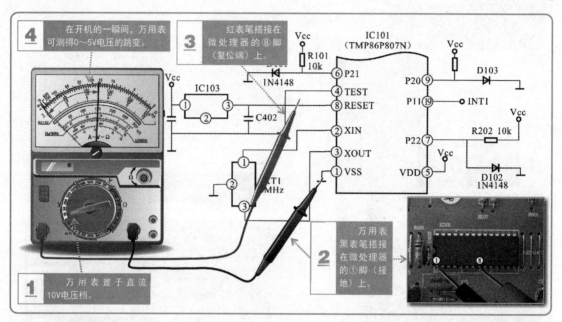

特别提醒

此外，还可以通过检测微处理器（TMP86P807N）各引脚之间正向和反向对地阻值的方法来判断微处理器是否正常。如下图所示，正常情况下微处理器（TMP86P807N）各引脚之间的对地阻值见下表。若微处理器多个引脚阻值出现无穷大或零，说明该微处理器性能不良，已损坏。

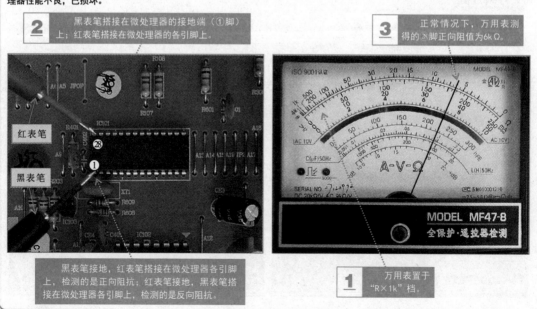

引脚号	正向对地阻值 /1 kΩ	反向对地阻值 /1 kΩ	引脚号	正向对地阻值 /1 kΩ	反向对地阻值 /1 kΩ
①	0	0	⑮	6	8.5
②	7.5	13.5	⑯	6	8.5
③	7.5	13.5	⑰	6	8.5
④	0.6	0.6	⑱	7	12
⑤	2.2	2.2	⑲	7	11
⑥	7	5.3	⑳	7.5	12
⑦	6.5	11	㉑	7.5	12
⑧	6.5	11	㉒	6	8.2
⑨	7	11	㉓	7	11.5
⑩	8	13.8	㉔	6	11.5
⑪	7	11.5	㉕	6	11.5
⑫	6	8.5	㉖	6	11.5
⑬	6	8.5	㉗	6	11.5
⑭	6	8.5	㉘	6	11.5

▶ 13.2.10　微处理器输出数据信号（TX）的检测 ▶▶

　　若微处理器的工作条件正常，则应检测微处理器输出的数据信号（TX）是否正常。若该信号不正常，说明微处理器存在故障。

【微处理器输出数据信号（TX）的检测】

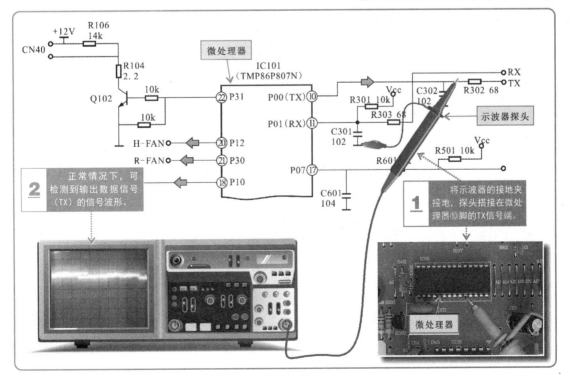

第14章
电冰箱变频电路的检修方法

14.1 电冰箱变频电路的结构和工作原理

▶ 14.1.1 电冰箱变频电路的结构

　　变频电路是变频电冰箱中特有的电路模块，变频电冰箱通常采用变频调速技术，通过改变供电频率的方式进行调速从而实现制冷量的变化。通常变频电路安装在电冰箱箱体背部的保护罩内，其主要的功能就是为电冰箱的变频压缩机提供驱动电流，用来调节压缩机的转速，以实现电冰箱制冷的变频控制和高效节能。

【典型电冰箱变频电路的结构】

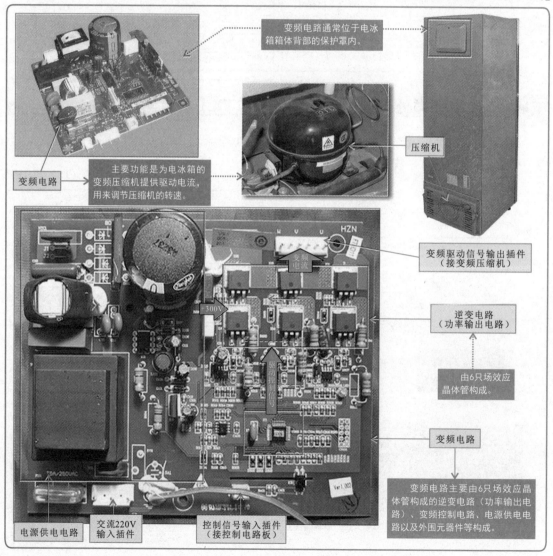

变频电路通常位于电冰箱箱体背部的保护罩内。

压缩机

变频电路

主要功能是为电冰箱的变频压缩机提供驱动电流，用来调节压缩机的转速。

变频电流

驱动控制信号

→ -300V

变频驱动信号输出插件
（接变频压缩机）

逆变电路
（功率输出电路）

由6只场效应晶体管构成。

变频电路

电源供电电路

交流220V输入插件

控制信号输入插件
（接控制电路板）

变频电路主要由6只场效应晶体管构成的逆变电路（功率输出电路）、变频控制电路、电源供电电路以及外围元器件等构成。

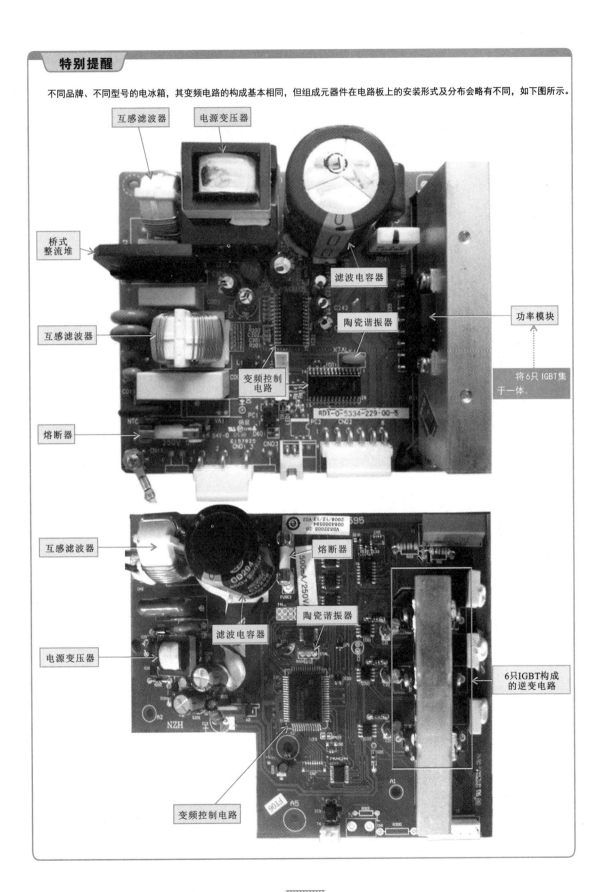

特别提醒

不同品牌、不同型号的电冰箱，其变频电路的构成基本相同，但组成元器件在电路板上的安装形式及分布会略有不同，如下图所示。

互感滤波器

电源变压器

桥式整流堆

滤波电容器

功率模块

将6只IGBT集于一体。

陶瓷谐振器

互感滤波器

变频控制电路

熔断器

互感滤波器

熔断器

陶瓷谐振器

滤波电容器

电源变压器

6只IGBT构成的逆变电路

变频控制电路

1. 6只场效应晶体管（MOS FET）构成的逆变电路（功率输出电路）

变频电路中设有6只场效应晶体管（MOS FET），这6只场效应晶体管构成了逆变电路（功率输出电路），在PWM驱动信号的控制下，轮流导通或截止，将直流供电变成（逆变）变频压缩机所需的变频驱动信号。

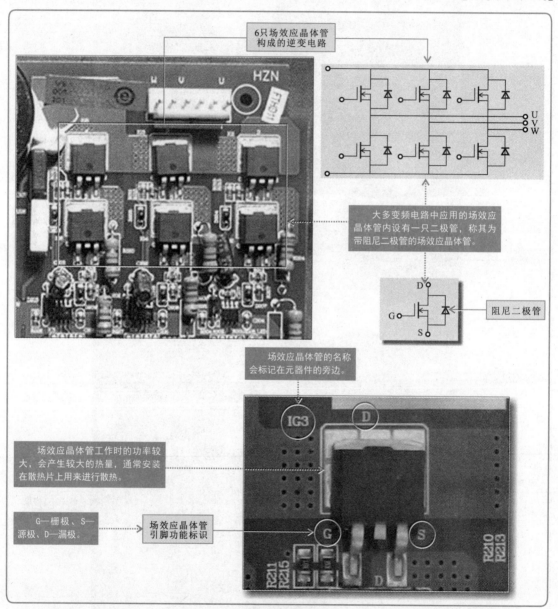

【逆变电路的结构】

6只场效应晶体管构成的逆变电路

大多变频电路中应用的场效应晶体管内设有一只二极管，称其为带阻尼二极管的场效应晶体管。

阻尼二极管

场效应晶体管的名称会标记在元器件的旁边。

场效应晶体管工作时的功率较大，会产生较大的热量，通常安装在散热片上用来进行散热。

G—栅极、S—源极、D—漏极。

场效应晶体管引脚功能标识

特别提醒

不同品牌、不同型号的电冰箱，其变频电路中组成逆变电路的元器件也不相同，在有些变频电路中，采用6只功率晶体管或是6只IGBT构成逆变电路，但实现的功能都是相同的。

2. 电源电路

变频电路中的电源电路主要对电冰箱主电源电路整流输出的直流300 V电压进行平滑滤波处理，为变频电路等进行供电，该电路主要是由互感滤波器、滤波电容器、电源变压器、熔断器等组成的。

【电源电路的结构】

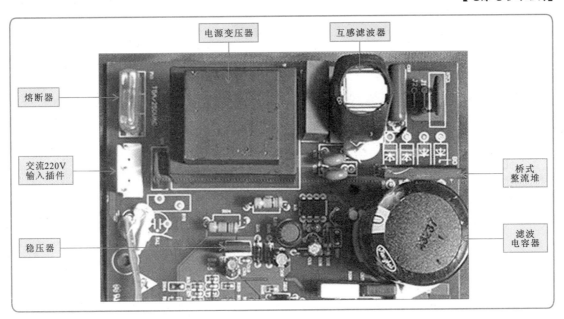

 3. 变频控制电路

变频控制电路是安装在印制电路板上的大规模数字信号处理集成电路，主要是在控制电路的控制下产生PWM驱动信号，经驱动电路放大后用来控制6只IGBT。

【变频控制电路的结构】

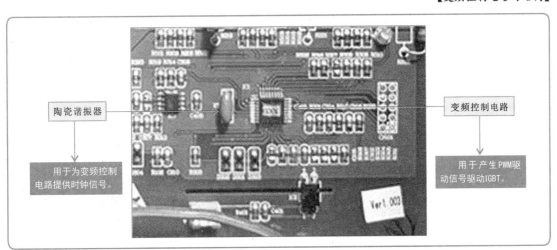

电冰箱中变频电路主要的功能就是为电冰箱的变频压缩机提供变频电流，用来调节压缩机的转速，实现电冰箱制冷剂的循环控制。

【典型电冰箱变频电路的流程图】

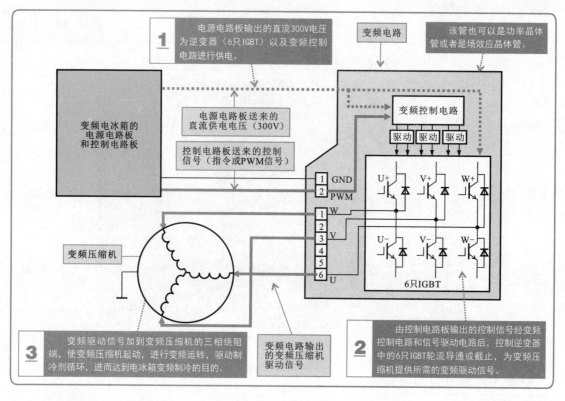

不同品牌、不同型号的电冰箱，其变频电路的组成形式也有不同，如下图所示为三种不同结构形式的变频电路。

【将6只IGBT集成于一体】

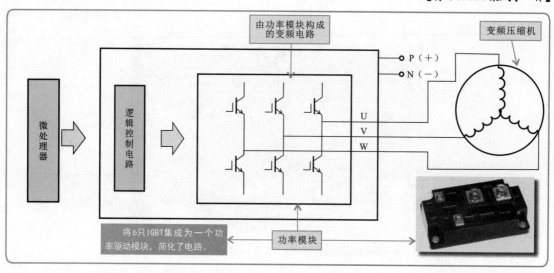

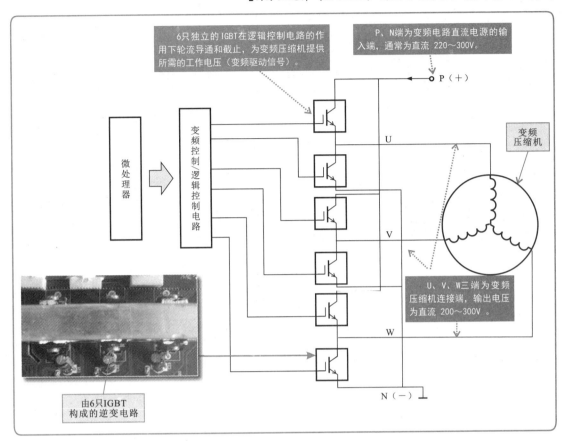

6只独立的IGBT在逻辑控制电路的作用下轮流导通和截止，为变频压缩机提供所需的工作电压（变频驱动信号）。

P、N端为变频电路直流电源的输入端，通常为直流 220～300V。

变频压缩机

微处理器

变频控制/逻辑控制电路

U

V

W

U、V、W三端为变频压缩机连接端，输出电压为直流 200～300V 。

N（－）

由6只IGBT构成的逆变电路

【将逻辑控制电路、电流电压检测电路和功率输出电路集于一体】

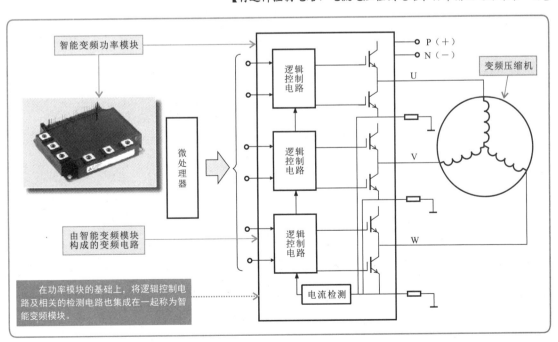

智能变频功率模块

逻辑控制电路

逻辑控制电路

逻辑控制电路

电流检测

微处理器

由智能变频模块构成的变频电路

在功率模块的基础上，将逻辑控制电路及相关的检测电路也集成在一起称为智能变频模块。

P（＋）

N（－）

变频压缩机

U

V

W

下面以海尔BCD-248WBSV型变频电冰箱中的变频电路为例，来具体介绍一下该电路的基本工作流程和信号流程。

电冰箱通电后，交流220V经控制电路板输出直流电压，为电冰箱的显示电路板、传感器等提供工作电压。

控制电路板的控制变频电路板中的变频模块向变频压缩机提供变频驱动信号，使变频压缩机起动运转，从而达到电冰箱制冷的目的。

电冰箱工作后，显示屏显示电冰箱当前的工作状态，控制电路板对传感器送来的信号进行分析处理后，对变频压缩机进行变频控制。

【海尔BCD-248WBSV型电冰箱变频电路的流程图】

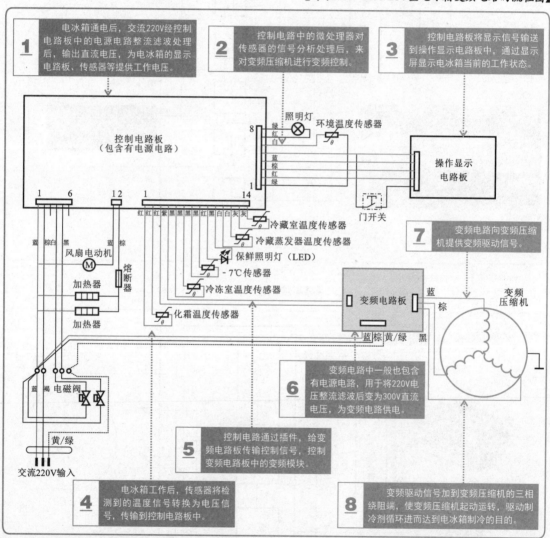

特别提醒

根据电冰箱变频电路的流程图，结合当前电冰箱的整机电路，先对电冰箱的整机电路流程进行分析，熟悉整机中变频电路与其他单元电路之间的关系，然后再对变频电路的信号流程进行分析，了解变频电路对变频压缩机的控制过程，最后再深入对变频电路中功率器件（场效应晶体管）的工作特点进行分析，从而掌握整个变频电路的工作过程。

144

交流220 V电压经变频电路中的电源供电电路后，变为约300 V直流电压和直流低压，为场效应晶体管以及驱动集成电路等进行供电。驱动集成电路输出的驱动信号经相应的元器件后，分别控制6只场效应晶体管轮流导通和截止，从而为变频压缩机提供变频驱动信号。

【海尔BCD-248WBSV型变频电冰箱变频电路部分的流程分析】

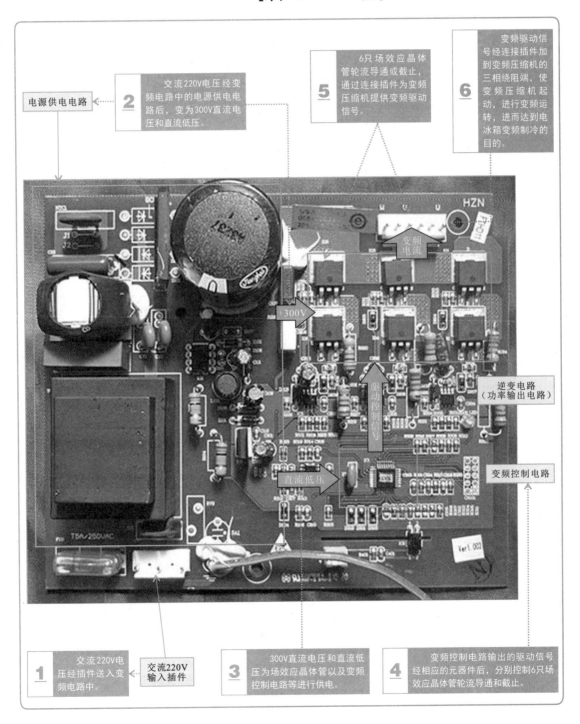

电源供电电路

2 交流220V电压经变频电路中的电源供电电路后，变为300V直流电压和直流低压。

5 6只场效应晶体管轮流导通或截止，通过连接插件为变频压缩机提供变频驱动信号。

6 变频驱动信号经连接插件加到变频压缩机的三相绕阻端，使变频压缩机起动，进行变频运转，进而达到电冰箱变频制冷的目的。

HZN

变频电流

+300V

驱动控制信号

逆变电路（功率输出电路）

直流低压

变频控制电路

1 交流220V电压经插件送入变频电路中。

交流220V输入插件

3 300V直流电压和直流低压为场效应晶体管以及变频控制电路等进行供电。

4 变频控制电路输出的驱动信号经相应的元器件后，分别控制6只场效应晶体管轮流导通和截止。

变频电路出现故障经常会引起电冰箱出现不制冷、制冷效果差等故障，对该电路进行检测时，可依据故障现象分析出产生故障的原因，并根据变频电路的信号流程对可能产生故障的部件逐一进行排查。

【典型电冰箱变频电路的检测流程图】

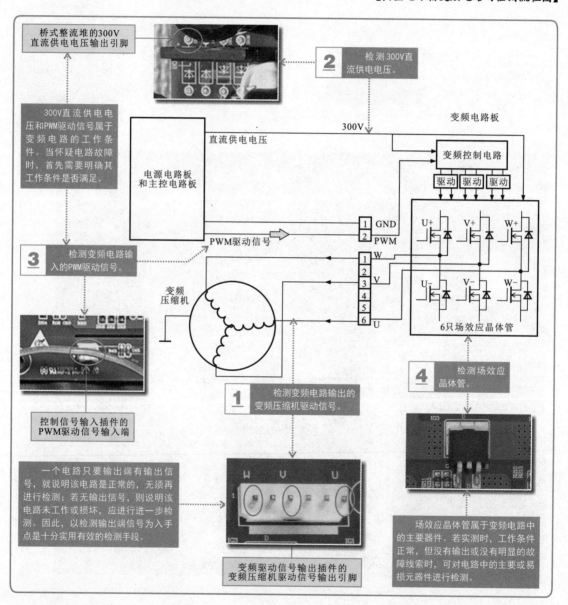

桥式整流堆的300V直流供电电压输出引脚

2 检测300V直流供电电压。

300V直流供电电压和PWM驱动信号属于变频电路的工作条件。当怀疑电路故障时，首先需要明确其工作条件是否满足。

电源电路板和主控电路板

变频电路板

直流供电电压 300V

变频控制电路

驱动 驱动 驱动

1 GND
2 PWM

PWM驱动信号

3 检测变频电路输入的PWM驱动信号。

变频压缩机

1 W
2
3 V
4
5
6 U

U+ V+ W+

U− V− W−

6只场效应晶体管

控制信号输入插件的PWM驱动信号输入端

1 检测变频电路输出的变频压缩机驱动信号。

4 检测场效应晶体管。

一个电路只要输出端有输出信号，就说明该电路是正常的，无须再进行检测；若无输出信号，则说明该电路未工作或损坏，应进行进一步检测。因此，以检测输出端信号为入手点是十分实用有效的检测手段。

变频驱动信号输出插件的变频压缩机驱动信号输出引脚

场效应晶体管属于变频电路中的主要器件。若实测时，工作条件正常，但没有输出或没有明显的故障线索时，可对电路中的主要或易损元器件进行检测。

特别提醒

当控制电路出现故障时，可首先采用观察法检查控制电路的主要元器件有无明显损坏迹象，如观察元器件有无断开、炸裂或烧焦的迹象，有无脱焊或插接不良的现象等，若出现上述情况则应立即更换损坏的元器件。

当怀疑电冰箱变频电路出现故障时，应首先对变频电路输出的变频压缩机驱动信号进行检测，若变频压缩机驱动信号正常，则说明变频电路正常；若变频压缩机驱动信号不正常，则需对电源电路板和主控电路板送来的供电电压和PWM驱动信号进行检测。

【变频压缩机驱动信号的检测】

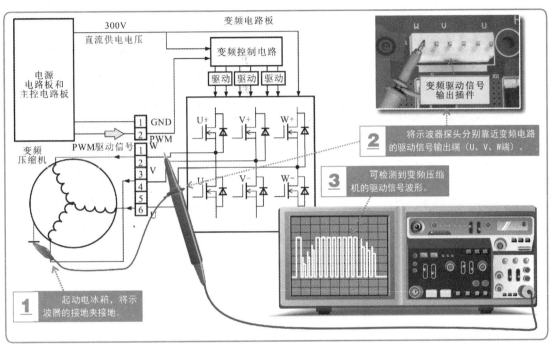

特别提醒

在上述检测过程中，对变频压缩机驱动信号进行检测时，使用了示波器进行测试；若不具备该检测条件，也可以用万用表测电压的方法进行检测和判断，如下图所示。

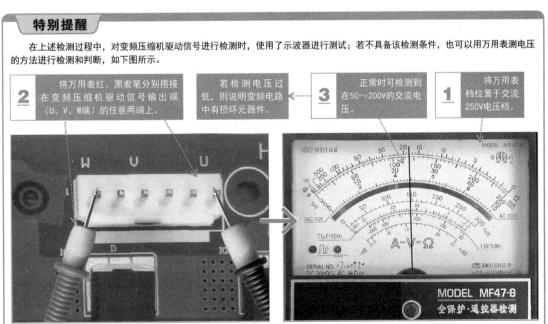

变频电路的工作条件有两个，即供电电压和PWM驱动信号，若变频电路无变频压缩机驱动信号输出，在判断是否为变频电路的故障时，应先对这两个工作条件进行检测。

【变频电路300V直流供电电压的检测】

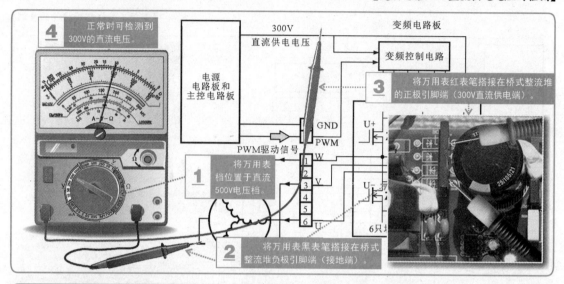

特别提醒

检测时应先对变频电路的300V直流供电电压进行检测，若300V直流供电电压正常，则说明电源供电电路正常，若供电电压不正常，则需继续对另一个工作条件PWM驱动信号进行检测。

▶ **14.2.3 变频电路PWM驱动信号的检测** ▶▶

若经检测变频电路的供电电压正常，则需对主控电路板供给的PWM驱动信号进行检测；若PWM驱动信号也正常，则说明变频电路中存在故障元器件；若PWM驱动信号不正常，则需对主控电路板进行检测。

【变频电路PWM驱动信号的检测】

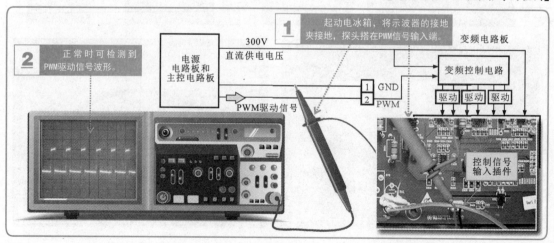

在上述检测过程中，对变频压缩机PWM驱动信号进行检测时，使用了示波器进行测试；若不具备该检测条件，也可以用万用表测电压的方法进行检测和判断，如下图所示。

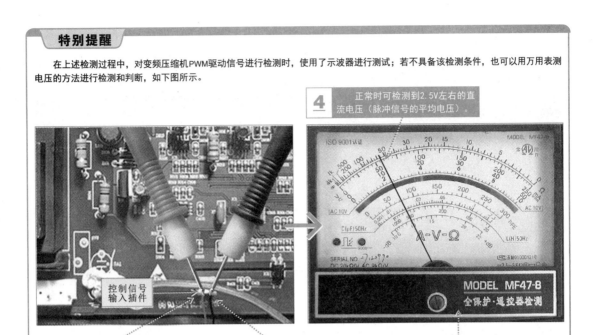

4 正常时可检测到2.5V左右的直流电压（脉冲信号的平均电压）。

3 万用表红表笔搭接在PWM驱动信号输入端上。

2 万用表黑表笔搭接在接地端。

1 将万用表档位置于直流10V电压档。

控制信号输入插件

▶ 14.2.4 场效应晶体管的检测 ≫

场效应晶体管是变频电路中的关键器件，也是比较容易损坏的元器件之一，若变频电路出现故障，则应重点对场效应晶体管进行检测。

【场效应晶体管的检测】

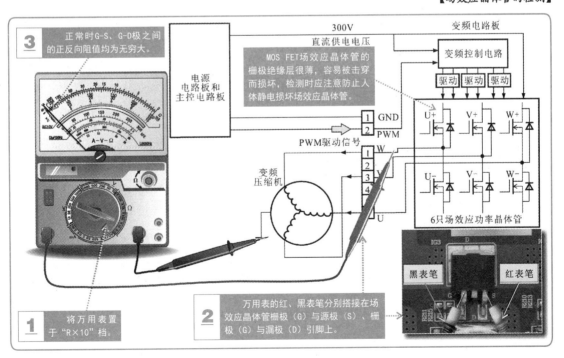

3 正常时G-S、G-D极之间的正反向阻值均为无穷大。

300V 直流供电电压

MOS FET场效应晶体管的栅极绝缘层很薄，容易被击穿而损坏，检测时应注意防止人体静电损坏场效应晶体管。

变频电路板

变频控制电路

驱动 驱动 驱动

电源电路板和主控电路板

PWM驱动信号

变频压缩机

6只场效应功率晶体管

1 将万用表置于"R×10"档。

2 万用表的红、黑表笔分别搭接在场效应晶体管栅极（G）与源极（S）、栅极（G）与漏极（D）引脚上。

黑表笔 红表笔

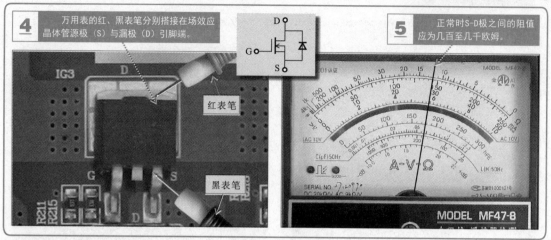

4 万用表的红、黑表笔分别搭接在场效应晶体管源极（S）与漏极（D）引脚端。

红表笔

黑表笔

IG3

5 正常时S-D极之间的阻值应为几百至几千欧姆。

MODEL MF47-8

▶ 14.2.5 变频模块的检测

由于变频电冰箱型号的不同，其变频电路的结构也稍有差异，有些变频电路中使用变频模块来代替6只场效应晶体管，其集成度较高，结构比较紧密，多应用在一些新型的变频电冰箱中。下面以FSBS15CH60型变频模块为例，介绍功率模块的检测方法。

【变频模块输出变频压缩机驱动信号的检测】

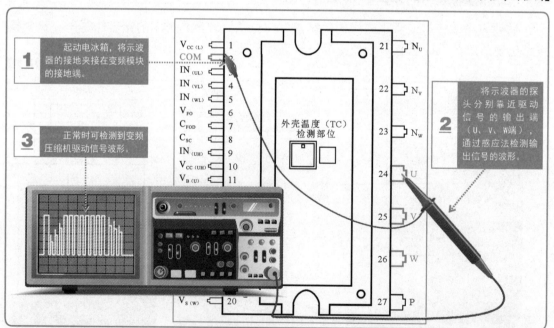

1 起动电冰箱，将示波器的接地夹接在变频模块的接地端。

3 正常时可检测到变频压缩机驱动信号波形。

$V_{CC(L)}$ 1
COM 2
$IN_{(UL)}$ 3
$IN_{(VL)}$ 4
$IN_{(WL)}$ 5
V_{FO} 6
C_{FOD} 7
C_{SC} 8
$IN_{(UH)}$ 9
$V_{CC(UH)}$ 10
$V_{B(U)}$ 11

$V_{S(W)}$ 20

外壳温度（TC）检测部位

21 N_U

22 N_V

2 将示波器的探头分别靠近驱动信号的输出端（U、V、W端），通过感应法检测输出信号的波形。

23 N_W

24 U

25 V

26 W

27 P

特别提醒

确定变频模块是否损坏时，可先对变频模块输出的变频压缩机驱动信号波形进行检测；若输出的变频压缩机驱动信号正常，说明变频电路正常；若变频模块无驱动信号输出，则需对变频模块的两个工作条件，即供电电压和PWM驱动信号波形进行检测；若工作条件正常，而变频模块无变频压缩机驱动信号波形输出，则说明变频模块损坏。

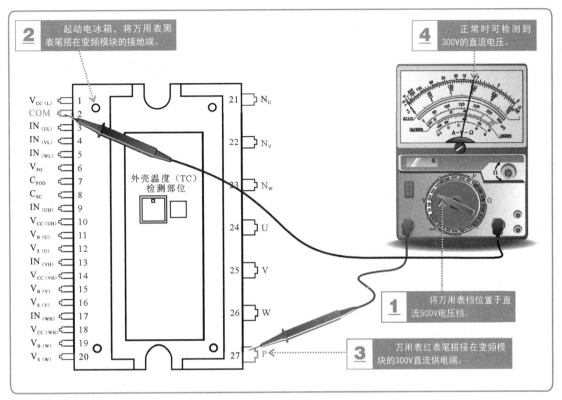

2 起动电冰箱,将万用表黑表笔搭在变频模块的接地端。

4 正常时可检测到300V的直流电压。

1 将万用表档位置于直流500V电压档。

3 万用表红表笔搭接在变频模块的300V直流供电端。

【变频模块PWM驱动信号的检测】

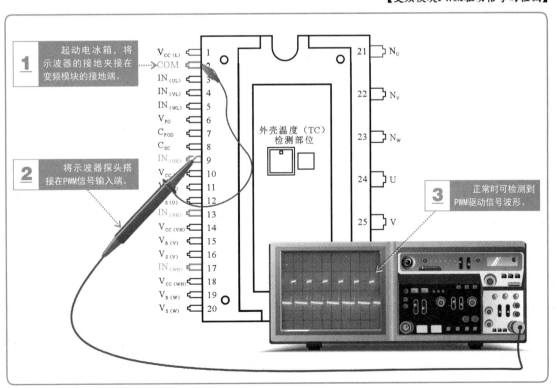

1 起动电冰箱,将示波器的接地夹接在变频模块的接地端。

2 将示波器探头搭接在PWM信号输入端。

3 正常时可检测到PWM驱动信号波形。

下图所示为FSBS15CH60型变频模块，该模块有27个引脚，参数为15 A/600 V，其引脚功能见下表所列。

FSBS15CH60型
变频模块

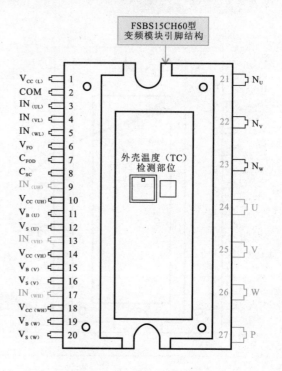

FSBS15CH60型
变频模块引脚结构

外壳温度（TC）
检测部位

引脚	字母代号	功能说明	引脚	字母代号	功能说明
①	$V_{CC(L)}$	低侧（IGBT）晶体管驱动电路（IC）供电端（偏压）	⑮	$V_{B(V)}$	高端偏压供电（V相IGBT驱动）
②	COM	接地端	⑯	$V_{S(V)}$	接地端
③	$IN_{(UL)}$	信号接入端（低侧U相）	⑰	$IN_{(WH)}$	信号输入（高端W相）
④	$IN_{(VL)}$	信号接入端（低侧V相）	⑱	$V_{CC(WH)}$	高端偏压供电（W相驱动IC）
⑤	$IN_{(WL)}$	信号接入端（低侧W相）	⑲	$V_{B(W)}$	高端偏压供电（W相IGBT驱动）
⑥	V_{FO}	故障输出	⑳	$V_{S(W)}$	接地端
⑦	C_{FOD}	故障输出电容（饱和时间选择）	㉑	N_U	U相晶体管（IGBT）发射极
⑧	C_{SC}	滤波电容端（短路检测输入）	㉒	N_V	V相晶体管（IGBT）发射极
⑨	$IN_{(UH)}$	高端信号输入（U相）	㉓	N_W	W相晶体管（IGBT）发射极
⑩	$V_{CC(UH)}$	高端偏压供电（U相驱动IC）	㉔	U	U相驱动输出（电动机）
⑪	$V_{B(U)}$	高端偏压供电（U相IGBT驱动）	㉕	V	V相驱动输出（电动机）
⑫	$V_{S(U)}$	接地端	㉖	W	W相驱动输出（电动机）
⑬	$IN_{(VH)}$	信号输入（高端V相）	㉗	P	电源（+300V）输入端
⑭	$V_{CC(VH)}$	高端偏压供电（V相驱动IC）			